Konstruktionsbücher

7

Gummifedern

Von

Dr.-Ing. E. F. Göbel

Falkensee (Osthavelland)

Mit 68 Abbildungen

Berlin
Springer-Verlag
1945

ISBN 978-3-642-88994-3   ISBN 978-3-642-90849-1 (eBook)
DOI 10.1007/ 978-3-642-90849-1

Vorwort.

Die sich immer mehr steigernde Verwendung des Werkstoffs Gummi auf allen Gebieten technischen Schaffens fordert es, sich näher mit seinen technischen Eigenschaften zu befassen. Besonders der Konstrukteur braucht, seitdem durch die Schaffung der Gummi-Metallverbindung Anwendungsmöglichkeiten in großer Zahl entstanden sind, Unterlagen für die Berechnung und Gestaltung von Gummifedern, wenn er mit dem immerhin schwierigen Werkstoff nützlich und einigermaßen sicher arbeiten will

Das vorliegende Buch versucht diesem praktisch offensichtlichen und in der Literatur schon wiederholt ausgesprochenen Bedürfnis Rechnung zu tragen, indem es erstmalig die auf dem Gebiet der Gummifedern im Schrifttum nur verstreut zu findenden Ergebnisse der Forschung und Praxis mit eigenen Untersuchungsergebnissen zusammenfaßt.

Dabei wurde angestrebt, die Vielseitigkeit in der Anwendung von Gummibauteilen aufzuzeigen, häufig vorkommende, vermeidbare Gestaltungsfehler zu beleuchten und vor allem die Grundlagen für eine angenäherte Vorausberechnung der Federeigenschaften von Gummifedern bei verschiedenen Beanspruchungsarten zu geben. Soweit es zweckmäßig erschien, wurden neben den Feder-, Haltbarkeits- und Dämpfungseigenschaften auch die anderen Eigenschaften berührt.

Es ist klar, daß bei der noch in ständigem Fluß befindlichen Entwicklung in der Anwendung von Gummi, zu dem sich ebenbürtig und in vieler Hinsicht sogar überlegen der künstliche Buna-Gummi gesellt hat, keine vollständig abgeschlossene Darstellung gegeben werden kann. Die bisher an den verschiedensten Stellen vom Hersteller und Verbraucher gewonnenen Ergebnisse und Erfahrungen verdienen es aber, weiteren Kreisen bekannt gemacht zu werden, zum Nutzen für den gestaltenden Ingenieur und zur Anregung für die weitere Forschung auf diesem neuen und interessanten Gebiet.

Behandelt werden nur Gummifedern, also Gummibauteile, deren Verwendungszweck die Ausnutzung der Feder- oder Dämpfungseigenschaften vorsieht. Die Arbeit befaßt sich im wesentlichen mit den Eigenschaften und der Berechnung solcher Federn, dagegen nicht mit schwingungstechnischen Aufgaben.

Das vorliegende Buch ist aus meiner Dr.-Arbeit (*9*)[1] heraus entstanden, die ich in den Jahren 1939 und 1940 durchgeführt habe. Im Zusammenhang mit ihr danke ich auch an dieser Stelle nochmals der Firma BMW-Flugmotorenwerke Brandenburg GmbH., Berlin-Spandau, für die Überlassung und Freigabe der Versuchsergebnisse, ganz besonders aber Herrn Dr.-Ing. habil. WIEGAND, als dem Leiter der Abteilung Werkstofforschung, in der die Arbeit damals entstanden ist. Zum Schluß spreche ich Herrn Ing. W. MARFELS meinen verbindlichsten Dank aus für seine freundliche Unterstützung bei der Durchsicht und dem Lesen der Korrektur des vorliegenden Buches. Die mathematische Ableitung der Formeln in Abschnitt 3.8 stammt von ihm

Falkensee (Osthavelland) im Februar 1942.

Der Verfasser.

---

[1] Die zwischen Klammern stehenden, schräggedruckten Zahlen verweisen auf das am Schluß des Buches befindliche Schrifttumsverzeichnis.

Inhaltsverzeichnis.

1. Einführung.

Für technischen Gummi, wie er für die hier behandelten Gummifedern verwendet wird, ist die Bezeichnung „*der Gummi*" im Gebrauch. Das Rohmaterial dazu ist der *Kautschuk*[1] oder der Rohgummi, der auf den Gummiplantagen oder auch in den Urwäldern aus dem Latex genannten Kautschukmilchsaft bestimmter Bäume in Form von Fellen gewonnen wird. Kautschuk ist für technische Zwecke jedoch unbrauchbar. Er ist in den verschiedensten Lösungsmitteln (aliphatische, aromatische und chlorierte Kohlenwasserstoffe) löslich, wird in der Wärme weich, plastisch und klebrig und bei geringer Kälte schon hart und brüchig. Setzt man ihn dem Licht und der Luft aus, so tritt ziemlich rasch eine auf Oxydation des Werkstoffs beruhende Zerstörung ein. Alle diese schlechten Eigenschaften des Kautschuks werden in den Gummifabriken durch die sog. *Vulkanisation* beseitigt oder verbessert. Unter Verwendung von Schwefel, Zinkoxyd und Vulkanisationsbeschleunigern wird bei diesem Verfahren, das bei $110 \ldots 150°$ C vor sich geht, erreicht, daß das Vulkanisationsprodukt sich nicht mehr in den genannten Lösungsmitteln löst, sondern nur noch quillt, daß die Beständigkeit gegen höhere und tiefere Temperaturen verbessert wird und daß es nicht mehr thermoplastisch ist. Vor allem aber werden die den Konstrukteur hauptsächlich interessierenden elastischen Eigenschaften durch den Vulkanisationsvorgang in ganz besonderem Maße gesteigert. Es entsteht der technische Gummi, der in verschiedenen Sorten als Naturgummi im Handel ist.

Neben dem Naturgummi gibt es den künstlichen oder synthetischen Gummi. Seine Ausgangsstoffe sind Kohle und Kalk, aus denen zunächst das gasförmige Butadien in einem mehrstufigen Verfahren gewonnen und im Verlauf der Synthese zu langen Kettenmolekülen polymerisiert wird. Das Butadien wird in Wasser fein verteilt, so daß man eine der natürlichen Latexmilch des Kautschukbaumes ähnliche Flüssigkeit erhält, aus der der synthetische Rohkautschuk ausgeflockt wird. Er ist eine weiße, krümelige Masse, die auf Walzen zu Kautschukfellen verarbeitet wird. Man nennt ihn Buna (Kunstwort aus *Bu*tadien und *Na*trium) und spricht in Analogie zum Naturkautschuk von *Bunakautschuk* oder *Rohbuna*. Die weitere Behandlung dieses Rohstoffs ist die gleiche wie beim Rohgummi. Sie besteht aus der Vulkanisation zu *Buna-Gummi*, wobei hinsichtlich der elastischen Eigenschaften die gleiche günstige Wirkung erzielt wird. Es gibt verschiedene Sorten von künstlichem Gummi: Buna-S-Gummi, Perbunan-Gummi usw.

Obwohl natürlicher und künstlicher Gummi auf ganz verschiedenen Wegen gewonnen werden, sind sie doch in ihren inneren Zusammenhängen verwandt. Das drückt sich am deutlichsten in den Federeigenschaften aus, wo z.B. der Elastizitätsmodul und auch der Schubmodul bei beiden Werkstoffen gleich sind. wenn dieselbe Weichheit vorliegt.

---

[1] Mit „das Gummi" bezeichnet man die Pflanzengummiarten wie Gummiarabicum, Kirschgummi usw. Sie haben eine völlig andere chemische Zusammensetzung und auch ganz andere Eigenschaften als der Kautschuk.

Als Werkstoff für Gummifedern kommt nur Weichgummi in Betracht. Zur Kennzeichnung der einzelnen Weichgummisorten dient die DVM-Weichheitszahl. Im technischen Sprachgebrauch wird Gummi mit der DVM-Weichheitszahl 10...29 als hart, mit der DVM-Weichheitszahl 30...69 als mittelhart und mit der DVM-Weichheitszahl 70...100 als weich bezeichnet. Der gesamte Bereich des Weichgummis liegt demnach zwischen den DVM-Weichheitszahlen 10 und 100.

Die vielen auf dem Markt befindlichen Gummisorten und ihre schwer zu merkenden Namen haben Bestrebungen zur Vereinfachung hervorgerufen (*1*). Zur richtigen Auswahl von Gummisorten sind Leistungsblätter vorgesehen, aus denen der Konstrukteur in normalen Betriebs- und Beanspruchungsfällen Aufschlüsse über die Eigenschaften der Gummisorten ziehen kann, und zwar gesondert für hohe, mittlere und geringe Beanspruchung. Bis zu ihrem Erscheinen und überhaupt in besonders gelagerten Fällen ist dem Verbraucher jedoch zu empfehlen, sich mit dem Gummiherstellerwerk in Verbindung zu setzen. Für die Verwendung einer Gummisorte ist es dabei wichtig, zu wissen, daß nicht immer absolut gleiche physikalische oder chemische Eigenschaften der Gummimischung erreicht werden. Es bestehen natürliche Güteschwankungen, deren Ursachen zum Teil (z. B. bei Naturgummi) in den Wachstumsbedingungen der Kautschukbäume liegen, z. T. aber auch in der Verarbeitung der Rohstoffe zu technischem Gummi. Es ist zwar schon gelungen, die Streuungen in den wichtigsten Eigenschaftswerten wie Festigkeit, Dehnung, Elastizität, Weichheit usw. auf ein Mindestmaß zu verringern, doch ist auf diesen Umstand zu achten. Häufig ist es zweckmäßig, dem Herstellerwerk die für eine Gummifeder geforderte Federkennlinie, mit einem Streubereich versehen, an die Hand zu geben, wobei es im allgemeinen möglich sein wird, den Streubereich auf $\pm 10...\pm 15\%$ einzuhalten, wenn dies vorher mit dem Herstellerwerk vereinbart worden ist. Bei normaler Serienherstellung sind die Streuungen größer.

Infolge der Natur des Werkstoffs Gummi und der Vielseitigkeit seiner Verwendung ist eine Reihe von Prüfverfahren notwendig. Sie sind heute z. T. schon genormt (*2, 3*). Die Prüfung der hier interessierenden Eigenschaften (Weichheit; Zugfestigkeit; Bruchdehnung; elastisches Verhalten; spezifisches Gewicht; künstliche Alterung) ergibt sich aus den Normblättern DIN DVM 3503, 3504, Bl. 1 und 2; DIN 53510, 53511, Bl. 1—4, 53512; DIN 53550; DIN DVM 3508[1]. Genau so wie beim Stahl genügt häufig nicht die Prüfung an Probestäben allein. Bei verwickelten Bauteilen müssen diese selbst einer betriebsähnlichen Prüfung (dynamische Dauerprüfung, Dauerstandprüfung) unterworfen werden, wenn man ausreichende Aufschlüsse über ihre Bewährung erhalten will.

2. Gummi als Konstruktionselement.

2.1. Elastische- und Dämpfungseigenschaften.

Der Grund für die ständig steigende *Verwendung* des Gummis als Konstruktionselement liegt einmal in seinen guten Federeigenschaften, zum andern aber auch in seinem Dämpfungsvermögen. Während man von ersteren hauptsächlich bei schwingungstechnischen Arbeitsmaschinen Gebrauch macht, wird letztere in all den Fällen nützlich verwendet, bei denen Schwingungen zu dämpfen oder Stoßenergien aufzunehmen sind.

---

[1] Die Normblätter über Prüfung von Gummi sind durch den Beuth-Vertrieb GmbH., Berlin SW 68, Dresdener Straße 97, zu beziehen. (An die Stelle des Zeichens DVM tritt in Zukunft die Ziffer 5.)

Im Maschinenbau dient der Gummi in Form von Pufferfedern als Federung für ortsfeste Maschinen zwecks Minderung der Schwingungsübertragung auf Gebäude und Umgebung und als Stoßdämpfer zur Ausschlagsbegrenzung von überkritisch laufenden Schwingern beim Durchfahren der Resonanz. Um zu vermeiden, daß sich die freien Kräfte und Momente rasch umlaufender Maschinen oder die Schläge von Hämmern in störender oder sogar zerstörender Weise in die Umgebung fortpflanzen, schaltet man zwischen die Maschinengrundplatte und das Fundament manchmal neben Federn aus Stahl auch solche aus Gummi. Bei der Fahrzeugabfederung schaltet man Gummifedern in Reihe mit Stahlfedern. Auch ist der federnde Ein

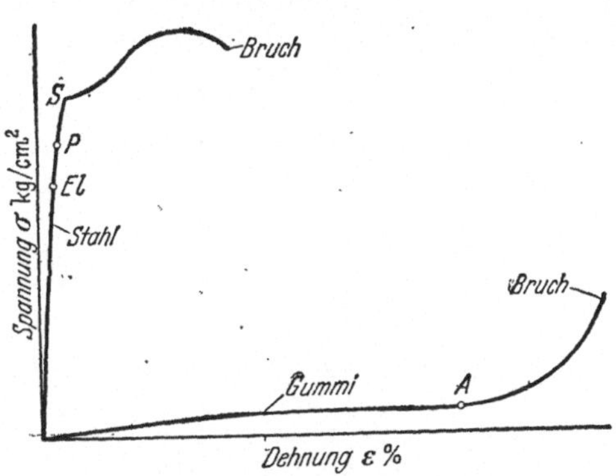

Abb. 1. Spannungs-Dehnungsschaubild von Gummi und Stahl (schematisch).

bau von Motoren allein mit Hilfe von Gummifedern schon vielfach verwirklicht. So im Fahrzeug- und Schiffsbau und neuerdings auch im Flugmotorenbau.

Vergleicht man das *Spannungs-Dehnungsdiagramm* von Gummi mit dem von Stahl, so ergibt sich sowohl im Zug- als auch im Druckgebiet ein grundsätzlich verschiedenes Verhalten. Abb. 1 zeigt dies für das Zuggebiet. Die Kurven stellen vollständige Zerreißdiagramme dar und sind kennzeichnend für weichen Stahl und für Weichgummi. Sie sind aus Gründen der Anschaulichkeit in bezug auf die Maßstäbe etwas verzerrt gezeichnet. Denn die Spannungen beim Bruch betragen in Wirklichkeit bei weichem Stahl etwa 4000 kg/cm² und bei mittelhartem Weichgummi 200 kg/cm². Bruchdehnungswerte sind etwa 25% für weichen Stahl und 550% für mittelharten Weichgummi.

Beim Stahl ist die Spannungs-Dehnungslinie bis zur Proportionalitätsgrenze P eine gerade Linie. Die Spannungen sind den Dehnungen proportional und es gilt das Hooke'sche Gesetz $\sigma = \varepsilon E$, worin E den Elastizitätsmodul bedeutet. Bis zum Punkt El dieser Geraden, den man als Elastizitätsgrenze bezeichnet, entsteht beim Entlasten keine bleibende Dehnung. Höhere Beanspruchungen haben jedoch bleibende Dehnungen zur Folge, die oberhalb der Fließ- oder Streckgrenze S besonders groß werden. Während die Dehnungen selbst bis zur Streckgrenze relativ gering sind, nehmen sie oberhalb S ohne wesentliche Zunahme der Spannung stark zu.

Umgekehrt ist es bei Gummi. Hier genügen schon geringe Spannungen, um große Dehnungen zu erzeugen. Die Spannungen verlaufen im Anfangsgebiet der Kurve nicht genau proportional zu den Dehnungen. Für bestimmte Federformen ergibt sich jedoch, wie in Abschnitt 3 gezeigt wird, für den technisch wichtigen Belastungsbereich nahezu eine gerade Linie, so daß die rechnerische Behandlung praktisch nach den elastizitätstheoretischen Gesetzen erfolgen kann. Dieser Punkt ist in Abb. 1 mit A bezeichnet. Von dort ab werden die Dehnungen mit steigender Spannung immer geringer. Nach der Hypothese einiger Fachleute liegt das in der Gummistruktur begründet. Danach besteht Gummi in seiner Struktur aus Bündeln miteinander verflochtener Fasern. Bei Beanspruchungen löst sich zunächst die Verflechtung und bei Punkt A werden dann die Fasern selbst der Beanspruchung unterworfen.

Wird ein Gummistab innerhalb des Bereichs bis zur Bruchlast bis zu irgendeinem Wert belastet und wieder entlastet, so zieht sich der Gummi bis nahezu auf den ursprünglichen Wert zusammen. Die Entlastungskurve liegt jedoch unterhalb der Belastungskurve. Das bedeutet, daß die zurückgewonnene Arbeit geringer ist als die aufgenommene (Hystereseverlust). Der nicht zurückgewonnene Teil der Energie wird durch innere Reibung in Wärme umgesetzt, die entweder nach außen abgestrahlt wird oder die Temperatur des Gummis erhöht. Bei wechselnder Beanspruchung kann diese Temperatur im Gummi infolge seiner schlechten Wärmeleitfähigkeit recht beträchtlich werden und sie ist mit ein Grund dafür, daß die für Gummi als Bauteil zulässigen Belastungen im allgemeinen weit unter der Grenze der möglichen Beanspruchungen bleiben müssen.

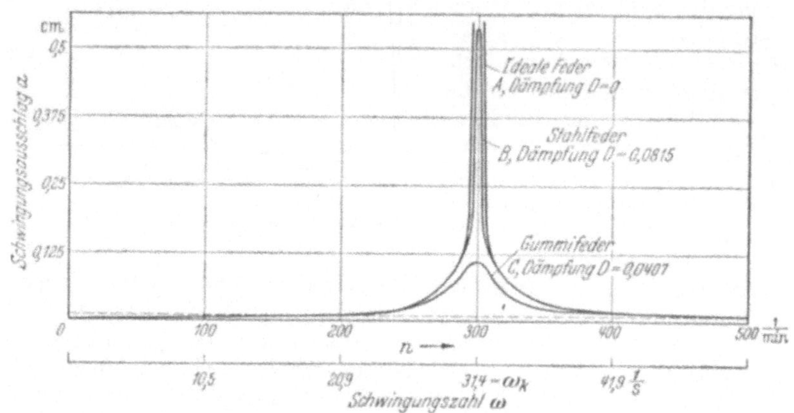

Abb. 2. Einfluß der Werkstoffdämpfung von Stahl und Gummi auf die Resonanzkurven (nach THUM und OESER) (19).

Die Hysterese, d. h. die *Dämpfungsfähigkeit* des Gummis ist größer als die des Stahls. Vergleicht man, nach Abb. 2, die Resonanzkurve *B* einer Stahlfeder mit der einer schwingungstechnisch gleichwertigen Gummifeder *C*, so ergibt sich, daß der Resonanzausschlag der Gummifeder nur etwa ein Fünftel von dem der Stahlfeder beträgt. Es sind jedoch auch Fälle möglich, wo dieser Ausschlag nur ein Fünfzigstel beträgt. Kurve *A* entsteht bei Annahme einer ideellen Feder mit der Dämpfung $D = o$. Ihr Resonanzausschlag ist unendlich groß.

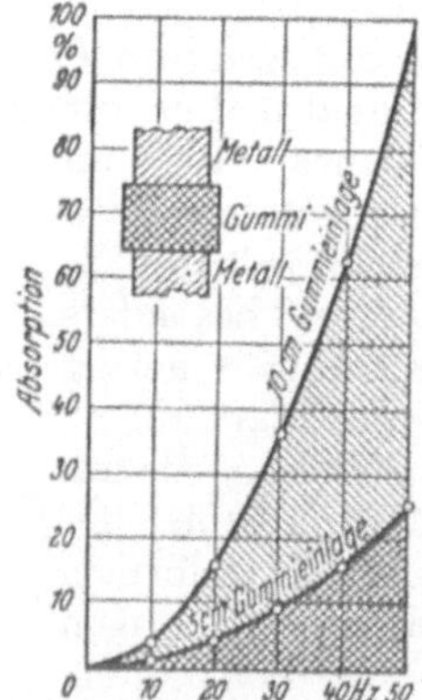

Abb. 3. Absorption mechanischer Schwingungen in Abhängigkeit von der Gummischichtstärke (nach KREMER und REUTLINGER) (4).

Eine besondere Eigenschaft des Gummis ist seine *Schalldämmfähigkeit*. Hochfrequente Schwingungen, also Schallschwingungen, die eine Stahlfeder einfach durchleiten würde, werden von einer Gummifeder absorbiert. Dieses Schallschluckvermögen ist in all den Fällen wichtig, bei denen der Körperschall von bestimmten Räumen ferngehalten werden soll (Kraftfahrzeuge, Schienenfahrzeuge, Flugzeuge usw.). Das Maß der Absorption ist jedoch abhängig von der Frequenz der mechanischen Schwingungen und von der Gummischichtstärke. KREMER und REUTLINGER haben diesen Zusammenhang rechnerisch untersucht (4) und die im Gummi eines Laufrades von einem Schienenfahrzeug absorbierte Schwingungsenergie in Abhängigkeit von der Frequenz der Schwingungen für Gummischichten von 5 und 10 cm dargestellt (Abb. 3). Bei der Frequenz 50 Hz werden in der 10 cm starken Gummischicht 99% der Energie vernichtet, in der 5 cm dicken Schicht dagegen nur 25%. Das Schalldämmvermögen des Gummis ist auch noch von seinem Weichheitsgrad abhängig. Sein Einfluß ist jedoch geringer als der der Gummidicke.

Die vorhin genannte Erwärmung des Gummis bei Dehnung, die sowohl bei rohem als auch bei vulkanisiertem Gummi eintritt, steigt bei Dehnungen von über 70% stark an. Nach Untersuchungen von HAUSHALTER (5) handelt es sich bei der so entwickelten Wärmeenergie wahrscheinlich um einen Kri-

stallisationsvorgang, da sie größer ist, als infolge der inneren Reibungsarbeit des Gummis zu erwarten wäre. Auch aus den Untersuchungen von WITTSTADT (6) ist bekannt, daß Gummi bei Dehnungen über einen bestimmten Prozentsatz vom amorphen in den kristallinen Zustand übergeht, begründet durch eine Lagen- und Formänderung der Moleküle.

Wird Gummi stärker gedehnt, so findet senkrecht zur Zugrichtung eine engere Aneinanderlagerung seiner Moleküle statt. Die Härte nimmt beträchtlich zu. Gedehnter Gummi ist auch empfindlicher gegen den Angriff von Sauerstoff bzw. Ozon. Durch Legierung mit Kohlenstoff können die Gummimoleküle gegen diesen Einfluß unempfindlicher gemacht werden.

Kennzeichnende Kurven für das Zug- und Druckbeanspruchungsgebiet, die von SHEPPARD und CLAPSON (7) an unter innerem Gasdruck stehenden Gummihohlkugeln gefunden wurden, zeigt Abb. 4.

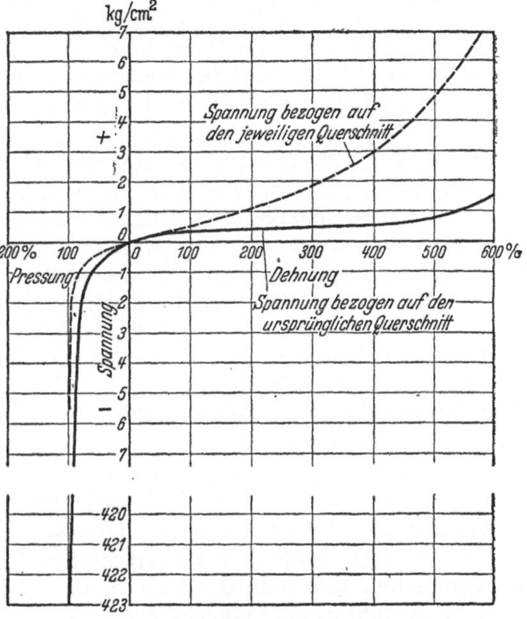

Abb. 4. Spannungs-Dehnungsdiagramm von Naturgummi im Zug- und Druckgebiet (nach SHEPPARD und CLAPSON) (7).

Der verwendete Naturgummi hatte eine Bruchfestigkeit von 40 kg/cm² und eine Bruchdehnung von 700%. Aus Abb. 4 ist zu ersehen, daß der Zugspannungsast einen Wendepunkt aufweist, während im Druckspannungsteil ein solcher nicht vorhanden ist. Weiter ist zu erkennen, daß die auf den jeweiligen Querschnitt bezogene Kurve einen viel größeren linearen Teil hat als die auf den ursprünglichen Querschnitt bezogene Kurve.

Einen großen Einfluß auf das elastische Verhalten von Gummi hat die Zusammensetzung der Gummimischung, die Form der Gummifeder und die Art der Befestigung (Bindung an Metall oder nicht). Auch die Beanspruchungsart spielt eine Rolle und die Möglichkeit des Gummis für seitliche Ausweichungen. Da Gummi praktisch inkompressibel ist, gilt grundsätzlich, daß verformungsbehinderter Gummi steilere Federkennlinien ergibt als nicht behinderter.

Das beim Gummi als sehr lästig empfundene *Kriechen* ist eine Folge seines physikalischen Aufbaus und seiner chemischen Zusammensetzung. Eine eingehende Kenntnis der inneren Vorgänge fehlt z. Zt. noch. Es ist jedoch bekannt, daß durch Anwendung bestimmter Beschleuniger und bestimmter Richtlinien beim Vulkanisationsvorgang die Neigung des Gummis zum Kriechen beträchtlich herabgesetzt wird, und zwar auf das Maß, das bei den besten Gummisorten, wie sie für Gummifedern heute verwendet werden, vorhanden ist. Bei diesen nimmt das Kriechen fast genau mit dem Logarithmus der Zeit zu, so daß sich allgemein die Beziehung aufstellen läßt $y = n \cdot \log t$, wobei y den Kriechweg in Winkelgraden oder mm bedeutet, t die Zeit in Tagen und n eine Konstante, die vermutlich mit der Einheitskraft zusammenhängt.

Bei höheren Temperaturen nimmt das Kriechen sehr stark zu. Nach Versuchen von HAUSHALTER (5) sollen Gummifedern möglichst nicht bei erhöhten Temperaturen betriebsmäßig verwendet werden. Als oberste Grenze scheinen 60...70° zu gelten, wenn es sich um normale Beanspruchungen handelt.

Es ist mit ziemlicher Sicherheit anzunehmen, daß Gummisorten mit großem Hysteresiseffekt ein ausgeprägtes Kriechverhalten zeigen und umgekehrt.

Eine konstruktive Maßnahme zur Herabminderung der Kriechneigung besteht darin, dem Gummi eine Vorspannung zu geben. Dies läßt sich z. B. bei Hülsenfedern mit geteilter Außenhülse leicht durchführen, indem die Außenhülsensegmente allseitig radial zusammengedrückt werden. Aber auch bei anderen Federarten läßt sich eine entsprechende Gestaltung erreichen.

Das Kriechen ist eine Erscheinung, die bei statischen Belastungen besonders dann Bedeutung hat, wenn bestimmte Abstände zwischen Maschine und Fundament eingehalten werden sollen (Druckfedern) oder Lagerstellen aus Gummi sich nicht oder nur wenig exzentrisch verschieben dürfen (Drehfedern). Bei diesen Fällen muß man die Bemessung der Federn so wählen, daß unter der aufgebrachten Last die Zusammendrückung nicht mehr als 20% der ursprünglichen Federhöhe oder Schichtstärke beträgt. Dann ist die Gewähr gegeben, daß das Kriechen in erträglichen Grenzen bleibt (5).

2.2. Haltbarkeitseigenschaften.

Die *Zerreißfestigkeit* von Gummi wird an genormten Ring- oder Stabproben nach DIN DVM 3504, Blatt 1, ermittelt und in kg/cm² ausgedrückt, bezogen auf den ursprünglichen Querschnitt. Als höchste Zugfestigkeit wurde bisher im Laboratorium σ_B zu 300 kg/cm² gemessen (8). Für Gummifedern werden nur die besten Gummisorten genommen, die hohen Beanspruchungen gewachsen sind. Zahlentafel 1 zeigt neben einigen anderen mechanischen Grundeigenschaften die Zerreißfestigkeiten dieser Gummisorten, wie sie nach den VDI-Richtlinien (3) zusammengestellt worden sind. Danach liegen die Zerreißfestigkeitswerte zwischen 75 und 150 kg/cm² und darüber, wobei die höheren Werte den härteren Sorten zugehören.

Zahlentafel 1. Mechanische Grundeigenschaften hoch beanspruchter Gummisorten (nach VDI-Richtlinien).

	Prüfverfahren DIN DVM	Maßeinheit	Weichheitsgruppen			
			A_1	A_2	A_3	A_4
Weichheit	3 503	DVM Weichheitszahl	10—29	30—49	50—69	≥ 70
Stoßelastizität . . .	53 512	%	≥ 25	≥ 35	≥ 40	≥ 45
Zerreißfestigkeit . .	3504, Bl. 1	kg/cm²	≥ 150	≥ 125	≥ 100	≥ 75
Dehnung	3504, Bl. 1	%	≥ 200	≥ 300	≥ 400	≥ 500
Werkstoff	—	—	Naturgummi, Buna-S-Gummi, Perbunangummi			
Verwendung z. B. .	—	—	Motorlagerungen, Kupplungen, Federungen, Geräteaufhängungen. Puffer. Reifen, Fäden			

So wichtig diese Werte für die Auswahl der Sorte sind, so können sie doch nicht unmittelbar auf alle praktischen Fälle übertragen werden, da auch Gummi gegenüber den verschiedenen Beanspruchungsarten (Zug, Druck, Schub, Verdrehung) sich verschieden verhält. Exakte Werte darüber zu finden, muß der weiteren Forschung überlassen bleiben. Es bestehen jedoch bereits Einzelergebnisse in Bezug auf das Bruchverhalten von schubbeanspruchten Gummifedern, die zeigen, daß mit bedeutend niedrigeren Werten gerechnet werden muß. Der Grund dafür liegt zunächst in der anderen Beanspruchungsart und ferner darin, daß bei der starken Verformbarkeit des Gummis bei bestimmten Formen starke Oberflächenspannungen auftreten. Außerdem ist es noch nicht möglich, genaue Angaben über die Spannungsverteilung in Gummifedern (Spannungsspitzen) zu machen. Auch spielt die Haftung des Gummis am Metall, die sog. Bindung, eine große Rolle. Durch sie treten äußeren Kräften zwei Widerstände entgegen: die Festigkeit des Gummis und die der Bindung. Da beide zusammenwirken, darf nicht von der Festigkeit schlechthin gesprochen werden. Am treffendsten ist der Ausdruck *Haltbarkeit*[1].

Um einen Einblick in die Haltbarkeit von Aufhängefedern für die federnde Flugmotorenlagerung zu bekommen, wurden vom Verfasser (*9*) zunächst eine größere Anzahl Hülsenfedern (Abb. 39) gleicher Größe, aber verschiedener Weichheitszahl des Gummis in axialer Richtung, also auf Schub, bis zum Bruch belastet und die Kraft-Weg-Kurve gemäß Abb. 5 aufgenommen[2]. Die gefundenen Bruchspannungswerte sind in Abb. 6 zusammengestellt. Sie bedeuten die beim Bruch vorhandene größte Schubnennspan

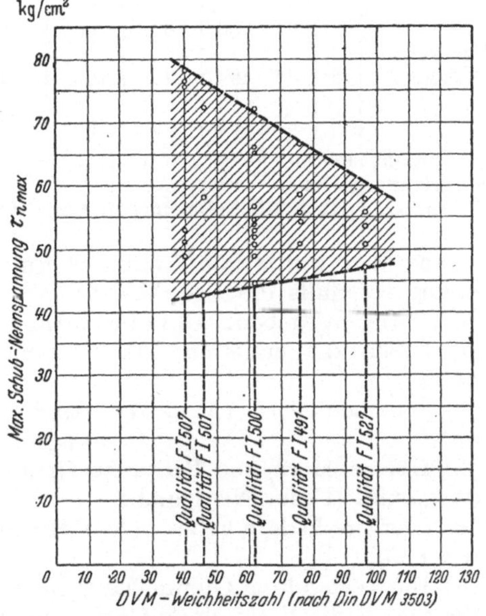

Abb. 5. Kennlinien einer Hülsenfeder für verschiedene Gummisorten. Federgröße *A* nach Zahlentafel 5. Belastung in Achsrichtung bis zum Bruch. Raumtemperatur $T_R = 20°$ C.

Abb. 6. Haltbarkeit von schubbeanspruchten Hülsenfedern gleicher Größe, aber verschiedener Weichheitszahl des Gummis. Bei Raumtemperatur $T_R = 20°$ C. Federgröße *A* nach Zahlentafel 5.

---

[1] Unter „Festigkeit" versteht man im allgemeinen die ertragbare, auf den ursprünglichen Querschnitt eines glatten Probestabes bezogene Spannung, während der Ausdruck „Haltbarkeit" bei Bauteilen angewendet wird, wobei sie meistens die in irgendeinem Querschnitt errechenbare Nennspannung bedeutet.

[2] Die angegebenen Qualitätsbezeichnungen Fl 500 usw. sind die der Firma Continental Caoutchouc-Compagnie GmbH., Hannover.

nung nach der Formel $\tau_{nmax} = P_B/F_{min} = P_B/d_i \pi h_i$ in kg/cm². Darin ist P_B die Last beim endgültigen Bruch, d_i der Durchmesser des Gummis an der Innenhülse und h_i die Höhe des Gummis an der Innenhülse. Abb. 6 zeigt, daß starke Streuungen auftreten. Diese sind bei den weichen Sorten geringer als bei den harten und schwanken zwischen ± 13 und $\pm 30\%$. Die Mittelwerte liegen in der Größenordnung von 55...60 kg/cm², die tiefsten Werte in keinem Fall unter 40 kg/cm². Die Abbildung gibt dem Konstrukteur einen Anhaltspunkt über die höchstmögliche Schubbeanspruchung bei solchen Federn. Darüber hinaus gibt sie aber auch Aufschluß über das Verhalten der einzelnen Gummisorten. In Übereinstimmung mit Zahlentafel 1 ergeben sich für härtere Sorten höhere Werte als für weichere.

Zahlentafel 2. Haltbarkeit von schubbeanspruchten Gummifedern.

Federart	Feder* Nr.	Qualitäts-bezeichnung	DVM-Weich-heits-zahl	Volu-men V cm³	Kleinste Schub-fläche F_{min} in cm²	Feder-zahl c_F kg	Bruch-spannung** τ_n max in kg/cm² Mittel	% Streu-ung	Bindung
Hülsenfeder	1	FI 500	62	59	44	172	58	± 24	Gummi auf Stahl
	2	Fox 18	52	59	44	240	35	± 14	Perbunangummi auf Stahl
	3	FI 507	40	24	15	86	66	± 29	Gummi auf Stahl
Scheiben-feder	4	FI 500	62	65	29	110	34	± 13	Gummi auf Leicht-metall
	5	FI 491	76	108	51	110	30	± 7	Gummi auf Leicht-metall
	6	FI 491	76	108	51	110	25	± 14	Gummi auf Stahl

* Bezieht sich auf Federform und Beanspruchungsrichtung in Zahlentafel 7, jedoch ohne die dort angegebenen Vorspannkräfte.

** τ_n max = größte Schubnennspannung beim Bruch

Außerdem wurde von Gummifedern verschiedener Größe, Form, Sorte und Bindung ebenfalls die Schubhaltbarkeit bestimmt. Das Ergebnis ist in Zahlentafel 2[1] wiedergegeben. Obwohl bestimmte Gesetzmäßigkeiten nicht zu erkennen sind, lassen die erzielten Bruchspannungswerte doch einige bemerkenswerte Schlüsse zu:

a) Scheibenfedern (Abb. 37) haben eine geringere Haltbarkeit als Hülsenfedern,

b) Hülsenfedern aus Perbunan-Gummi sind nicht so haltbar wie solche aus Naturgummi (Feder Nr. 1 und 2),

c) Kleinere Federn haben höhere Bruchspannungen als größere (Feder Nr. 1 u. 3 und 4 u. 5),

d) Die Verbindung Gummi-Leichtmetall kann bei guter Ausführung sich besser verhalten als die Verbindung Gummi-Stahl (Feder Nr. 5 und 6),

e) Als Höchstwert der Streuungen kann $\pm 30\%$ angenommen werden.

Bei den meisten Federn tritt der Bruch plötzlich und zwar beim Erreichen des Lasthöchstwertes nach Abb. 5 ein. In seltenen Fällen zeigt sich im Kraft-Weg-Diagramm kurz vor dem Bruch eine Art Fließvorgang an, der davon herrührt, daß entweder der Gummi oder die Bindung an irgendeiner Stelle örtlich nachgegeben haben. Der Bruchverlauf selbst ist ganz verschieden. Ist die Haftfähigkeit des

---

[1] Über die Bedeutung der Federzahl c_F siehe Abschnitt 3.11.

Gummis am Metall größer als die Schubfestigkeit des Gummis, so ergibt sich ein reiner Gummibruch. Man spricht dann von einer guten Bindung. Liegen die Verhältnisse umgekehrt, so erhält man einen reinen Bindungsbruch. Meistens treten Gummi und Bindungsbrüche gleichzeitig auf. Offenbar ist die Haftfähigkeit über der gesamten Bindungsfläche verschieden groß. Das geht auch daraus hervor, daß bei Hülsenfedern manchmal die Abscherung an der Außenhülse erfolgt, obwohl an der Innenhülse die größten Schubnennspannungen auftreten. Diese Ungleichmäßigkeit der Metallbindung scheint z. T. der Grund für die Streuungen der gefundenen Haltbarkeitswerte zu sein. Selbstverständlich streut auch der Werkstoff Gummi in sich. Wie groß die Anteile beider an der Gesamtstreuung sind, läßt sich jedoch nicht genau feststellen.

Mitunter treten auch ausgesprochene Bindefehler auf. Sie bestehen in nicht gebundenen Flächen, bei denen das Metall noch vollständig blank ist oder in Hohlräumen. Es ist versucht worden, diese Bindefehler mittels Röntgendurchleuchtung an noch nicht beanspruchten Federn festzustellen. Das ist aber wegen der schlechten Erkennbarkeit im Röntgenbild nicht möglich. Auch wurde schon vermutet, daß zwischen den streuenden Bruchspannungswerten und den ebenfalls streuenden Federwerten (etwa bis zu einer Verschiebung von $20\ldots40\%$ der Höhe einer Feder) eine bestimmte Beziehung besteht, auf Grund deren schon bei Eingangsprüfungen fehlerhafte Federn gefunden und ausgeschieden werden könnten. Diesbezügliche Untersuchungen brachten jedoch nicht das gewünschte Ergebnis, weil sich in diesem Sinne erkennbare größere Abweichungen der Federkennlinien einer fehlerhaften Feder von der einer guten Feder erst bei höheren Beanspruchungen zeigen, die aber wegen Beschädigungsgefahr der fehlerfreien Federn nicht aufgebracht werden dürfen. Danach scheint die Bindefehlererkennbarkeit mittels zerstörungsfreier Prüfung ein vorerst nicht lösbares Problem zu sein.

Für die *Bindung* selbst werden verschiedene *Verfahren* angewandt. Bei dem wohl ältesten Verfahren wird auf die stark aufgerauhte Metallbindefläche zunächst eine Hartgummischicht aufgebracht und auf diese erst der Weichgummi. Diese Bindeart ist für Gummifedern jedoch ungeeignet, weil in dem spröden Hartgummi und infolge der Kerbwirkung in der aufgerauhten Bindefläche leicht Dauerbrüche entstehen. Eine weitere Bindungsmöglichkeit besteht in der Zuhilfenahme von Klebemitteln in Form von warmverformbaren Harzen. Auch auf rein chemischem Wege ist eine Bindung zu erzielen. Die bei Gummifedern sehr häufig zu findende Bindung besteht darin, daß eine Messingschicht von vorgeschriebener Zusammensetzung (Schichtstärke etwa $1,8\ \mu$) auf das Metallteil aufgebracht wird (Messingplattieren). Nach der Plattierung werden die Metallteile mit besonderen Klebstoffen überzogen und die ganze Feder unter Druck vulkanisiert. Mit diesem Verfahren läßt sich bei Schubbeanspruchung eine Haftfestigkeit bis zu 70 kg/cm² auf Stahl, Messing, Bronze, Leichtmetall und Zink erreichen. Die Bindefestigkeit bei Zugbeanspruchung beträgt $10\ldots50$ kg/cm² je nach Form der Feder, Gummisorte und Metall. Von den Stählen wird Kohlenstoffstahl bevorzugt verwendet. Bei legierten Stählen und Gußeisen ist die Bindefestigkeit geringer. Auch Temperguß, Kunststoffe, Holz und Glas lassen sich mit Gummi verbinden. Besondere, durch Schruppen oder Aufrauhen bearbeitete Bindeflächen sind im allgemeinen nicht erforderlich. Es empfiehlt sich jedoch, Angaben über die Oberflächenbeschaffenheit der Metallteile von den Gummifabriken vorher einzuholen. Durch das Messing-Plattierverfahren wird sowohl für natürlichen als auch für künstlichen Gummi die beste Bindung erzielt.

Allgemeine Angaben über *zulässige Beanspruchungen* sind nur sehr spärlich zu finden. Das hängt wohl damit zusammen, daß jeweils die besonderen Einbau- und

Beanspruchungsbedingungen eine äußerst sorgfältige Behandlung erfahren müssen. Es kann aber auch daran liegen, daß in vielen Fällen (z. B. bei Motorenaufhängungen) die Berechnung auf Festigkeit gegenüber der schwingungstechnischen Berechnung zurücktritt. Einige Werte über zulässige Beanspruchungen sind von STEINBORN (*10*) angegeben worden (Zahlentafel 3). Diese Zahlen können jedoch nur als Richtlinien

Zahlentafel 3. Zulässige Beanspruchungen (Richtlinien nach B. STEINBORN).

Beanspruchung	Zug* kg/cm²	Druck kg/cm²	Parallel-schub	Drehschub kg/cm	Torsion
			an kleinster Haftfläche		
statisch	10—20	30—50	10—20	20	20
zeitweiser Stoß	10—15	25—50	10—20	20	20
dyn. Dauerbelastung	5—10	10—15	3—5	3—10	3—5
Sonderfälle mit Anschlagbegrenzung . .	10—20	30—50	5—10	5—15	5—10

* Diese Zahlen gelten nur für Gummiquerschnitt ohne Berücksichtigung der Einspannstellen.

gelten. Sie schließen Rücksprachen mit dem Gummifederherstellerwerk in besonderen Fällen nicht aus. Auch ist zu beachten, daß die Werte bei weichen Gummisorten niedriger angenommen werden müssen.

In Abschnitt 2.5 sind für einige Sonderfälle in der Praxis bewährte zulässige Beanspruchungen angegeben, die zeigen, daß sie manchmal auch höher liegen können. Hier sei noch auf eine Beanspruchungsbegrenzung hingewiesen, auf die geachtet werden muß, wenn die Ausrichtung von durch Gummifedern unterstützten Teilen erhalten bleiben soll. Aus der in Abschnitt 2.1 durch das Kriechen oder Fließen des Gummis bekannten Zusammendrückungsbegrenzung auf 20% der ursprünglichen Höhe ergibt sich die Spannung zu $\sigma = \varepsilon \cdot E = \dfrac{h}{f} \cdot E = 0,2\,E$. Da der E-Modul der verschiedenen Sorten die Werte zwischen 23 und 160 kg/cm² annehmen kann, liegen die zulässigen Spannungen zwischen 4,6 und 32 kg/cm². Zu ähnlichen Werten kommt Kosten (*11*), der die Größenordnung der günstigsten Belastung für Druckfedern für weiche Gummimischungen mit 10 kg/cm², für härtere Mischungen mit 30 kg/cm² angibt.

2.3. Einfluß von höheren und tieferen Temperaturen.

Außer durch die später zu besprechende, durch Schwingungsarbeit im Gummi entstehende Wärme (s. Abschnitt 4.4) werden Gummifedern in bestimmten Fällen auch durch höhere und tiefere Temperaturen in ihren Feder- und Haltbarkeitseigenschaften beeinflußt. Als Beispiel sei die federnde Flugmotorenlagerung erwähnt, bei der die abstrahlende Motorwärme eine zusätzliche Erwärmung bedeutet oder die Kälte in großen Flughöhen ein starkes Absinken der Gummitemperatur. Es ist daher wichtig, diesen Einfluß zu kennen.

Abb. 7 zeigt die Änderung der Feder- und Haltbarkeitswerte von Gummifedern bei höheren und tieferen Temperaturen gegenüber denen bei Raumtemperatur (20° C). Die Kurven stellen den grundsätzlichen Verlauf dieser Änderung fü Federn aus natürlichem und künstlichem mittelharten Weichgummi bei Schubbeanspruchung dar. Sie verschieben sich etwas bei anderen Gummisorten und wahrscheinlich auch bei anderen Beanspruchungsarten.

Es ist zu erkennen, daß die Federwerte bis $+160°$ C nahezu unabhängig von der Temperatur sind, dann aber rasch nach der negativen Seite abweichen. Der Gummi wird weicher. Umgekehrt ist es bei Temperaturen unter 0° C. Dort nehmen die Federwerte zu, weil der Gummi härter wird und versprödet (Einfrieren). Die Haltbarkeit nimmt bei höheren Temperaturen schnell ab, bei tieferen nimmt sie zu.

Selbstverständlich stellen die Kurven nur Mittelwerte dar, die aus einer Anzahl von Streuwerten gebildet sind. Wie groß die Streuungen sein können, zeigen Versuche des Verfassers (9) anserienmäßig hergestellten, schubbeanspruchten Hülsenfedern im Temperaturgebiet von 20...240° C (Abb. 8 und 9). Erfahrungsgemäß erreichen die höchsten im Flugbetrieb gemessenen Eigentemperaturen des Gummis von Hülsenfedern die Größenordnung von 80...90° C. Wie aus den Kurvenblättern zu entnehmen ist, liegen bei 85° C die Federwerte um 2%, die Haltbarkeitswerte dagegen schon um 50% tiefer als die entsprechenden Werte bei Raumtemperatur. Bei etwa 230° C beginnt der Gummi klebrig zu werden. Bei 240° C haben Hülsenfedern ihre Feder- und Haltbarkeitseigenschaften vollständig verloren.

Die in den VDI-Richtlinien niedergelegten Verwendungstemperaturen sind in Zahlentafel 4 für die gebräuchlichsten Sorten wiedergegeben. Als äußerste, dauernd ertragbare Temperaturgrenzen, die allerdings nicht

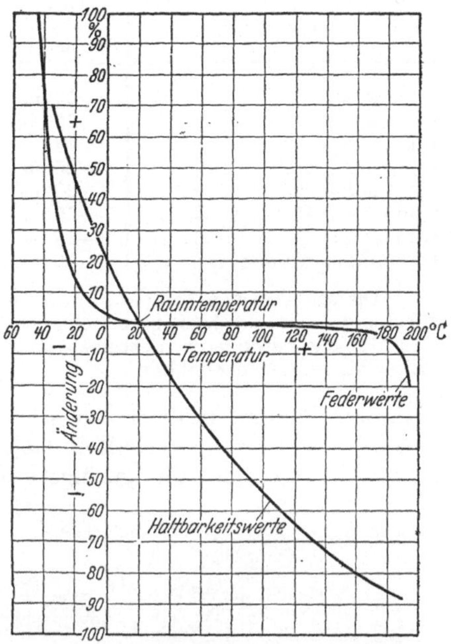

Abb. 7. Ungefährer Verlauf der Änderung der Feder- und Haltbarkeitswerte von Gummifedern mit der Temperatur

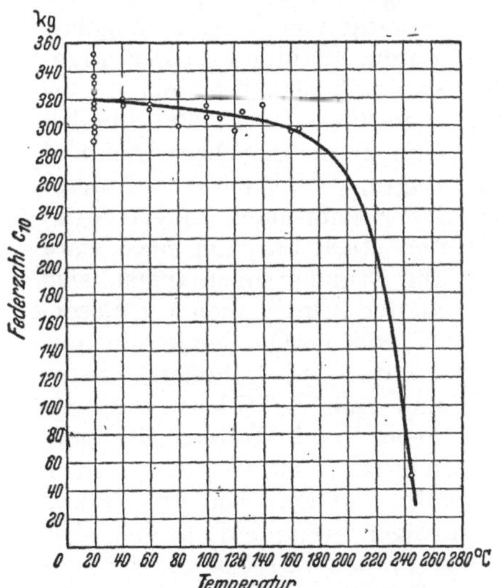

Abb. 8. Einfluß von heißer trockener Luft auf die Federeigenschaften von Hülsenfedern. Erhitzungsdauer = 2½ h. Zügige Belastung in Achsrichtung. Qual. FI 500. Federgröße A nach Zahlentafel 5.

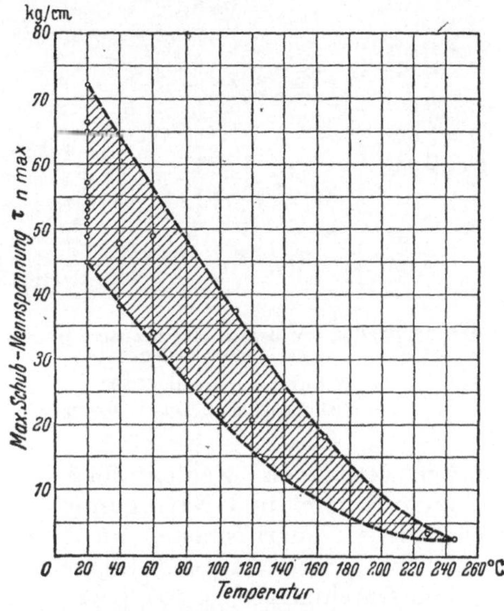

Abb. 9. Haltbarkeit von Hülsenfedern in Abhängigkeit von der Temperatur. Erhitzungsdauer = 2½ h. Zügige Beanspruchung in Achsrichtung. Qual. FI 500. Federgröße A nach Zahlentafel 5.

Zahlentafel 4. Verwendungstemperaturen verschiedener
Gummisorten
(nach VDI-Richtlinien).

Gummisorte	Verwendungstemperaturen in °C*	
	dauernd	vorübergehend**
Naturgummi	—30 bis + 60	—65 bis + 75
Buna S-Gummi	—25 bis + 75	—55 bis + 90
Buna SS-Gummi	—20 bis + 75	—50 bis + 90
Perbunangummi	—25 bis + 85	—50 bis + 150
Perbunan-extra-Gummi. .	—20 bis + 80	—30 bis + 100
Gummi aus Perduren G. .	—15 bis + 50	—
Gummi aus Perduren H. .	—15 bis + 50	—
Gummi aus Thiokol A . .	—15 bis + 50	—

* Die angegebenen Temperaturgrenzwerte können von einer
Mischung nicht gleichzeitig erreicht werden.

** Unter besonderen Betriebsbedingungen und mit besonderen Mischungen erreichbar.

von einer Sorte gleichzeitig verlangt werden können, gelten —30 und +85° C. In Sonderfällen sind —65 und +150° C möglich, wobei diese hohe Temperatur nicht gleichzeitig mit starker schwingender Beanspruchung verbunden sein darf.

2.4. Einfluß von angreifenden Mitteln.

Durch Berührung des Gummis mit bestimmten Stoffen quillt er; am stärksten in Benzol, Benzin und Öl. Die verschiedenen Gummisorten verhalten sich jedoch verschieden. Die stärkste Quellung zeigt Naturgummi, die geringste Perbunan-Gummi extra. Ein anschauliches Bild dieses verschiedenen Quellverhaltens erhält man, wenn in ein Stahlgehäuse eingebaute Hülsenfedern dem Einfluß von Benzin unterworfen werden. Die beiden in Abb. 10 gezeigten Federn waren insofern außerordentlich verschärften Bedingungen unterworfen, als sie allseitig von Benzin umgeben waren. Während die Perbunan-Gummifeder bei einer Versuchsdauer bis zu 800 Stunden eine kaum merkbare Quellung zeigte, quoll die Natur-Gummifeder schon nach einigen Stunden stark auf, um nach etwa 160 Stunden anzufangen, sich an den Stirnflächen aufzulösen.

Mit dem Quellen ist eine Gewichts- und Volumenzunahme und eine Verschlechterung der Feder- und Haltbarkeitseigen-

Abb. 10. Einfluß von Benzin auf eingebaute Hülsenfedern
nach 160 Stunden.

a) Naturgummi, Qual. FI 500,
b) Perbunangummi. Qual. Fox 18.

schaften verbunden. Zahlentafel 5 zeigt die prozentuale Volumenzunahme von Perbunan-Gummi und Naturgummi, wie sie von ROELIG (12) bei Anwendung verschiedener Angriffsmittel an Normal-Gummiringen gefunden wurde. Die Werte sind gemessen nach 50 tägiger Lagerung von Proben von 4 mm Dicke und 44,6 mm Durchmesser in den jeweiligen Mitteln. Der Unterschied im Verhalten der beiden Gummiwerkstoffe ist deutlich zu erkennen. Der Einfluß von Benzin auf das Gewicht und die Zerreißfestigkeit ist aus Abb. 11 ersichtlich. Mit zunehmender Zeit erreicht die sich anfangs ändernde prozentuale Gewichtszunahme und die Zerreißfestigkeitsabnahme einen Endwert.

Der Einfluß von Benzin und Öl auf die Federeigenschaften von schubbeanspruchten Hülsenfedern wurde vom Verfasser untersucht (*9*). Als Angriffsmittel kamen synthetisches Benzin (Normalbenzin) und Grünringöl

Zahlentafel 5. Quellung von Perbunan- und Naturgummi (nach ROELIG).

Quellmittel	Volumenzunahme in % bei	
	Perbunangummi	Naturgummi
Waschbenzin	20	158
Schwerbenzin	43	226
Sangajol (Terpentinersatz)	28	203
Terpentinöl	48	299
Parafinöl	3	140
Mineralöl	5	148
Dieselöl	13	116
Äthyläther	51	126
Benzol-Benzin-Gemisch (40% Benzol) . .	45	250
Benzol	207	366
Tetrachlorkohlenstoff	221	671
Glyzerin	0	0,2
Azeton	98	12
Äthylalkohol	10	2

zur Verwendung. Die Federn wurden in eingebautem Zustand nach Abb. 10 in diese Flüssigkeiten gelegt, so daß sie allseitig davon umgeben waren. Das Ergebnis zeigt Abb. 12. Bei allen Kurven ist anfänglich eine Vergrößerung der

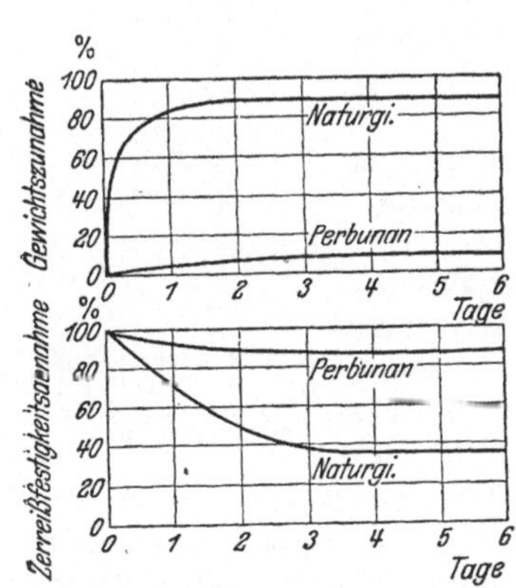

Abb. 11. Änderung des Gewichts und der Zerreißfestigkeit von Naturgummi und Perbunangummi durch Quellen in Benzin (nach ROELIG) (12).

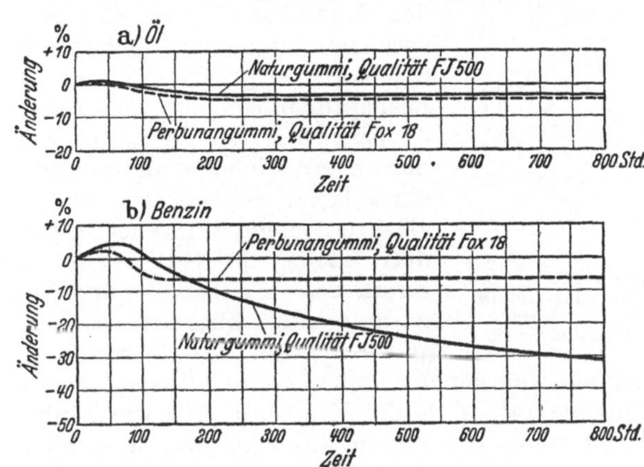

Abb. 12. Änderung der Axialfederwerte von Hülsenfedern unter dem Einfluß von Öl und Benzin.

Federzahlen als Folge des Quellens festzustellen. Diese macht sich bei Benzineinfluß stärker bemerkbar als bei Öleinfluß. Der weitere Verlauf der Kurven ist jedoch ganz verschieden. Unter dem Einfluß von Benzin fällt der Federwert der Perbunan-Gummifeder nach 100 Stunden um etwa 6%, bleibt aber dann konstant. Der Federwert der Natur-Gummifeder dagegen fällt stetig ab und erreicht nach 800 Stunden mit rd. 32% Abfall noch keinen gleichbleibenden Wert. Dabei ist bemerkenswert, daß der Abfall so langsam vor sich geht. Dies ist wahrscheinlich eine Folge der günstigen Wirkung der Einspannung im Stahlgehäuse, die ein Quellen und Auflösen nur an den Stirnflächen zuläßt. Trotz der in Abb. 10 zu sehenden weitgehenden Zerstörung der Stirnflächen nach 160 Stunden beträgt der Federwertsabfall nach derselben Zeit nur 6%.

Die Kurvenwerte der ölbeeinflußten Federn fallen langsam, jedoch nicht weiter als 4…5% gegenüber dem Anfangswert. Diese Änderungen sind sehr gering. Auffällig ist der etwa gleichartige Verlauf der Federwerte sowohl bei Naturgummi- als auch bei Perbunan-Gummifedern, der besagt, daß beide im vorliegenden Fall der Ölbeeinflussung gleichwertig sind.

Aus diesen Ergebnissen ist zu entnehmen, daß im Betrieb gelegentlich auftreffende Benzin- bzw. Ölspritzer eine nicht so große Gefahr bilden, wie auf Grund des allgemeinen Verhaltens von Gummi diesen Mitteln gegenüber anzunehmen war. Eine Bestätigung dafür lieferten im Flugmotor betrieblich eingebaute und wechselnd beanspruchte Hülsenfedern aus Naturgummi. Obwohl diese nach 1050 Betriebsstunden stark verölt und die Gummistirnflächen teilweise abgeblättert waren, betrug der Abfall der Federwerte nur 8%.

Konstruktiv ist natürlich immer anzustreben, die Berührung mit Quellmitteln zu verhindern. In schwierigen Fällen kann man den Gummi durch übergezogene Kapseln oder Abtropfbleche schützen.

2.5. Konstruktionsbeispiele.

Bei der Gestaltung von Gummifedern ist grundsätzlich zu beachten, daß bei gleicher Kraftwirkung das Maß der Verformung je nach der Beanspruchungsart verschieden ist. Der Konstrukteur hat es durch Auswahl der Kraftrichtung in der Hand, den Gummi auf Druck, Zug oder Schub beanspruchen zu lassen. Schubbeanspruchungen ergeben die größten Verformungen, Druckbeanspruchungen die kleinsten.

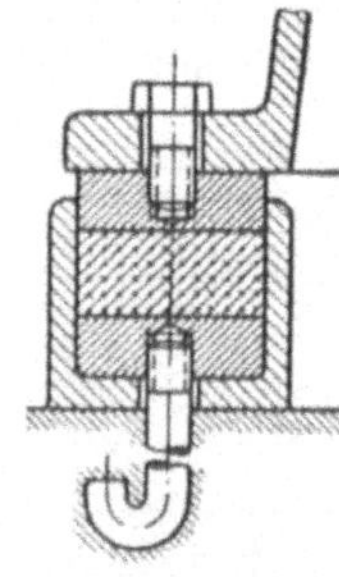

Abb. 13. Falsch. Allseitig eingeschlossener Gummi. Federt nicht (3).

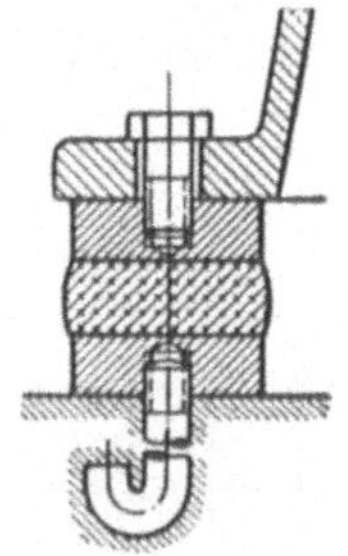

Abb. 14. Richtig. Ausweichmöglichkeit bei Verformung. Gute Federwirkung (3).

Eine federnde Wirkung von Gummi ist nur zu erreichen, wenn er unter der Wirkung einer Kraft seine Form ändern kann. Ein allseitig eingeschlossener Gummikörper federt nicht, da Gummi im physikalischen Sinne eine Flüssigkeit und praktisch nicht zusammendrückbar ist. Daher ist eine Anordnung nach Abb. 13 falsch. Man muß dem Gummi Gelegenheit geben, frei ausweichen zu können (Abb. 14), wobei die Einheitskraft, d. h. die Kraft, die für die Einheit der Zusammendrückung der Feder nötig ist, davon abhängt, wie weit eine Gummifeder frei ausweichen kann.

Er darf daher auch nicht durch Verschrauben, Verklemmen oder Einpressen in seiner Verformungsfähigkeit und Arbeitsaufnahmefähigkeit allzustark behindert werden. Abb. 15a und b zeigen zwei in federungstechnischer Hinsicht unwirksame und heute veraltete Konstruktionen. In Abb. 15a steht der Gummi unter so starker zweiseitiger Druckvorspannung, daß er kaum noch arbeiten kann und wie eine Zwischenlage aus Holz wirkt, und in Abb. 15b steht er unter fast allseitiger Vorspannung, so daß eine Verformungsmöglichkeit kaum noch vorhanden ist. Auch besteht bei einer Anordnung nach Abb. 15a über die Durchsteckschraube eine metallische Verbindung zwischen Motor und Gestell.

Heute weiß man allgemein, daß die federnde Gummischicht die beiden Teile wirklich isolieren muß, und daß sie nicht durch metallische Verbindungsteile überbrückt werden darf. Richtige, nach neuesten Erkenntnissen gestaltete Federungen sind in Abb. 16a und b dargestellt. In Abb. 16a ist der Gummi zwischen Metallplatten vulkanisiert. Jede Platte ist mit je einer Schraube am Rahmen befestigt und der Gummi kann dadurch zwischen den Platten frei arbeiten. Die Schrauben haben zwecks Erzielung einer glatten Bindefläche Flachköpfe, weil Vierkant- oder Sechskantköpfe bei Verformungen des Gummis zu vorzeitiger Zerstörung führen. Bei der Anordnung nach Abb. 16b ist der Gummi nicht an die Bleche vulkanisiert. Diese müssen daher schräg nach außen abgebogen werden, weil bei senkrechter Abbiegung längs der Außenwandung der Gummifeder der Gummi beim Ausbauchen unter Last an den scharfen Kanten der Zwischenlagebleche zerstört wird. Während der Gummi in Abb. 16a nur unter dem Eigengewicht des abzufedernden Aggregates statisch vorgespannt ist, läßt sich bei der Anordnung nach Abb. 16b durch Anziehen der Schraube noch eine zusätzliche statische Vorspannung erzielen.

Gummifedern in Art der Gummi-Metallverbindung[1] gibt es in den verschiedensten Formen. Fast jede neue Aufgabe führt zu neuen Ausführungsformen, die laufend vervollkommnet werden. Es hat sich jedoch mit der Zeit auch eine große Zahl von Grundformen herausgebildet, die bevorzugt nach der Beanspruchungsart eingeteilt

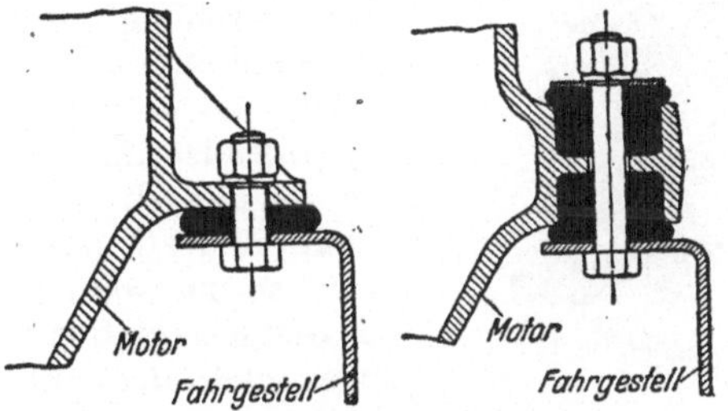

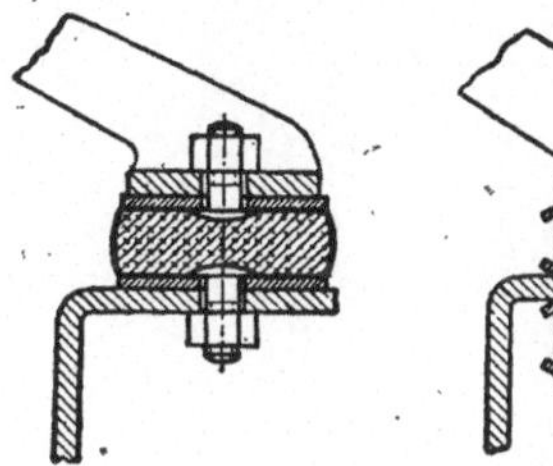

Abb. 15. Falsche Konstruktionen.

a) Gummi wird durch die durchgehende Schraube zusammengedrückt und verliert dadurch an Elastizität. Er wirkt als Unterlagscheibe.

b) Der Gummitopf. Gummi steht unter fast allseitiger Vorspannung und kann sich nur wenig verformen (13).

Abb. 16. Richtige Konstruktionen. Vollständige Isolierung zwischen Maschine und Fundament (3).

a) Unter Verwendung von Schwingmetall[1].

b) Bei Verwendung von Zwischenlageblechen.

werden. So gibt es Standardfedern für Druckbeanspruchung, für Schubbeanspruchung, für Druck- und Schubbeanspruchung, für Druck- und Zugbeanspruchung und für Verdrehbeanspruchung. Auch kennt man Federn, die in jeder Richtung belastbar sind und solche, bei denen der Gummi mit einem besonderen elastischen Mantel aus ölbeständigem, künstlichem Gummi umgeben ist. Alle diese Grundformen sind in den Werbeschriften der Gummifirmen niedergelegt. Auch sind neuerdings Grundregeln für die Gestaltung von Weichgummiteilen im Hinblick auf Formgebung und Zusammenbau, Wanddicken, Abrundungen, Wulste usw. veröffentlicht worden (3), so daß es sich hier erübrigt, darauf näher einzugehen. Dagegen sollen noch einige Anwendungsgebiete und Konstruktionen[2], die sich bereits bewährt haben, besprochen werden.

Die Verwendung von Gummi im *Kraftfahrzeugbau* ist heute schon eine Selbstverständlichkeit. Vom Kühler bis zum Auspuff werden die Kraftwagen durch richtig angeordnete Gummifedern vor den schädlichen Folgen der im Betrieb auftretenden Erschütterungen geschützt. Die stärkste Quelle dieser Erschütterungen ist bekanntlich der Fahrzeugmotor. Dadurch, daß er federnd aufgehängt wird, können sich die in ihm beim Lauf freiwerdenden Kräfte nicht

---

[1] Die von den Gummifabriken zur nichtlösbaren Bindung des Gummis an Metall angewandten Verfahren sind verschieden. Dementsprechend sind verschiedene Namen für solche Gummibauteile in Gebrauch. Die bekanntesten sind „Flexofix" und „Pendelastik" der Firma Getefo, Berlin; „Schwingmetall" der Firma Continental, Hannover und „Metallgummi" der Firma Phönix, Harburg.

[2] Weitere Anwendungen und Beispiele siehe (*1, 3, 4, 10, 13—33*).

mehr ungehindert fortpflanzen und die früheren Vibrationsbelästigungen fallen fort.

Abb. 17 zeigt einen schwingungstechnisch richtig abgefederten Fahrzeugmotor. Im Punkt „*a*", dem Stoßmittelpunkt des Motors, ist eine Gummidruckfeder an-geordnet, im Punkt „*b*" befinden sich Schub-federn. Während die Druckfeder den Motor in seinem natürlichen Ruhepunkt festhält, ermöglichen die Schub-federn ein Auf- und Ab-schwingen des Motor-blocks und gestatten gleichzeitig eine ge-wisse Drehung um seine Längsachse.

Bei allen Motorauf-hängungen ist die Auf-gabe gestellt, die Ein-heitskräfte der Gummi-federn so zu wählen, daß die Eigenschwin-gungszahlen des auf gehängten Motors so tief liegen, daß Reso-nanzerscheinungen im

Abb. 17. Federnd aufgehängter Fahrzeugmotor (14).

Drehzahlbereich des Motors vermieden werden. Die Beanspruchungen liegen im allgemeinen unter 5 kg/cm², und nur in Sonderfällen ist man darüber hinaus-gegangen. Diese niedrigen Belastungen erklären es, daß es praktisch keine Re-klamationen über durch Ermüdung zugrunde gegangene Gummifedern gibt (*10*).

Ein Beispiel für die *Federung des Kraftwagens* ist der 1.3 L-Hanomag (Abb. 18).

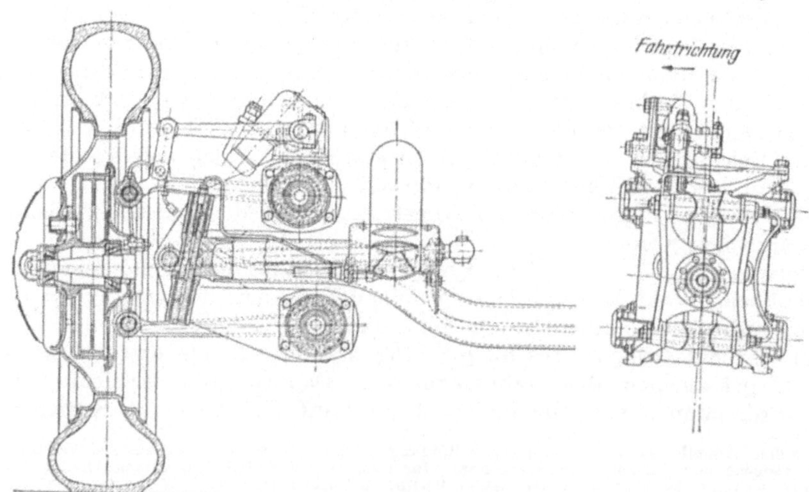

Abb. 18. Federung eines Kraftwagens (1,3 Liter-Hanomag) (10).

Hier werden auf Drehschub beanspruchte Hülsenfedern verwendet. Sie haben einen Innendurchmesser von 44 mm und einen Außendurchmesser von 76 mm. Ihre Länge beträgt 200 mm. Zwei solcher Federn übernehmen für ein Laufrad die Federarbeit und die Führung der vier Parallelogrammschwingen. Die Vorteile sind: Günstige Federkennlinie, gute Bodenhaftung, Reifenersparnis, Entlastung des hydraulischen Stoßdämpfers durch die natürliche Dämpfung des Gummis und vollkommene Wartefreiheit. Als bisher erreichte Laufzeiten für solche Federn werden mehr als 200000 km angegeben, ohne daß eine merkliche Ermüdung eingetreten ist. Das gesamte Arbeitsvermögen bis zum Bruch der Hanomag-Feder beträgt etwa 500 mkg bei einem Verdrehwinkel von 100°. Die im Betrieb aufzunehmende Arbeit beträgt nur 14% davon. Die dabei an der kleinsten Bindefläche auftretende Spannung ist 17 kg/cm².

Auch im *Motorradbau* und *Fahrradbau* werden Gummifedern verwendet. Erwähnt seien die Drehschubfedern in der Vordergabel des Phänomen-Bobrades und im Tretlager des Phänomen-Fahrrades (Schwingrad). Bei der federnden Aufhängung der Vordergabel des DKW-Leichtkraftwagens RT 100 werden mit gutem Erfolg Gummizugbänder benutzt, die man auch für die Aufhängung von Beiwagen findet.

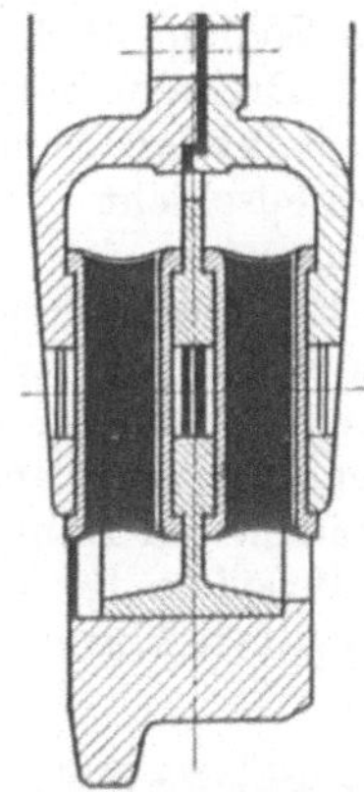

Abb. 19. Schnitt durch ein mit Perbunangummi gefedertes Straßenbahnrad (17).

Bei *Schienenfahrzeugen*, die infolge der heutigen Leichtmetallbauweise sehr empfindlich gegenüber Geräuschen und Schwingungen sind, lassen sich Gummifedern mit großer Wirksamkeit am Drehzapfen und an den Blattfederlagerstellen einbauen. Ein gummigefedertes Straßenbahnrad zeigt Abb. 19. Eine größere Zahl solcher

Abb. 20. Schwingmetall-Lagerung an einer Schiffshauptmaschine.

Räder mit Perbunan-Schubfederungen ist im Straßenbahnbetrieb praktisch erprobt worden, wobei sich eine weiche Federung bei gleichzeitiger hervorragender Körperschallisolierung des Wagenkastens gegen die beim Abrollen des Rades auf der Schiene herrührenden Geräusche ergab.

Im *Schiffsmaschinenbau* werden Antriebsmaschinen, Propeller, die langen, zwischen Propeller und Antrieb liegenden Wellen und die Hilfsmaschinen mit Gummifedern ausgerüstet. Ein Beispiel für die elastische Lagerung zeigt Abb. 20.

Zu den Gummifedern im eingangs erwähnten Sinne, gehören auch *Gummikupplungen* und *Schwingungsdämpfer*. Sie dienen beide zur Schwingungsdämpfung und Schalldämpfung. Gummikupplungen bauen durch Energieaufnahme Drehmomentspitzen ab und ermöglichen ein Ausgleichen winkeliger und axialer Verlagerungen von Wellen. Bisher ausgeführte Kupplungen erreichten Verdrehwinkel bis zu 25° und Drehmomente von 0,3...1600 mkg. Drehschwingungsdämpfer werden bei Kurbelwellen benutzt. Sie bestehen aus einer Störschwingmasse, die durch eine Gummischicht mit der Kurbelwelle an der Stelle ihres größten Ausschlags verbunden ist.

Ein besonderes und weit ausgedehntes Anwendungsgebiet für Gummifedern findet sich bei *ortsfesten Maschinen* aller Art. Bei ihnen kommen bevorzugt Druck-Gummifedern zur Anwendung. Durch sie werden Bodenerschütterungen beseitigt oder vermindert und damit Gebäuderisse, Störungen bei Feinmessungen, Gleitlagerschäden und Dauerbrüche vermieden.

Beispiele für de Anwendung von Gummifedern bei *schwingungstechnischen Arbeitsmaschinen*, sind die Schwingsiebmaschinen, die sich vornehmlich in Form von

Abb. 21. Zweimassen-Resonanz-Schwingsieb mit Gummispeicherfedern (Bauart Schieferstein) (21).

Zweimassen-Resonanz-Schwingsieben, Bauart Schieferstein, stark eingeführt haben (Abb. 21). Gummidruckfedern speichern im Umkehrpunkt der Schwingbewegung die Energie der aufgeschaukelten Massen auf, um sie dann zur Beschleunigung der Massen wieder abzugeben. Bei diesen Federn ist eine geringe Werkstoffdämpfung erwünscht, einmal, um bei den großen Ausschlägen keine allzu hohe Erwärmung des Gummis zu bekommen und zum anderen, um die Antriebsleistung klein halten zu können. Bekannt geworden sind größte Siebmaschinen dieser Art von 28 m Länge und 20 000 kg Gesamtgewicht. Sie führen bei 40 mm Hub 320 Schwingungen pro Minute aus und sieben bis zu 100 t/h bei einer Antriebsleistung von nur 3 PS. Das schwingende Gewicht beträgt in diesem Fall 7400 kg.

Als weiteres Beispiel sei eine Resonanz-Schwingsiebmaschine erwähnt, bei der die normale Belastung der Druckgummifedern 2000 kg und die maximale 4250 kg betrug. Der Federweg war dabei normal 29 und maximal 49 mm. Die Abmessungen einer Feder waren 215 mm Außendurchmesser, 60 mm Innendurchmesser und 42 mm Höhe. Das Arbeitsvermögen, auf das Gewicht bezogen, war 1,07 mkg/kg im Normalfall und 4,22 mkg/kg im Maximalfall. Die Schwingzahl betrug n = 1200 min.

Das wohl schwierigste Anwendungsgebiet ist das der *federnden Flugmotorenlagerung*. Bei Reihenmotoren wählt man die Anordnung ähnlich wie bei den Fahrzeugmotoren. Ein Beispiel für die elastische Lagerung von Sternmotoren zeigt Abb. 22.

Um das Flugzeug (die Zelle) gegen die von Motor und Luftschraube ausgehenden schwingungserregenden Kräfte zu schützen, ist beim Sternmotor zwischen Motor und Motorträger (Vorbau) eine bestimmte Anzahl von Hülsengummifedern in Art von Abb. 39 eingebaut. Die Federwerte derselben müssen so gewählt werden, daß die Eigenschwingungszahlen des aufgehängten Motors genügend weit (mind. 15%) unter der niedrigsten Luftschraubendrehzahl liegen. Nach unten sind den Eigenschwingungszahlen jedoch Grenzen gesetzt, da bei zu weicher Federung die von Gewicht, Drehmoment und Luftschraube verursachten Kräfte zu große Ausschläge bedingen.

Zur Aufnahme der Feder dient ein besonderes, am Motor befestigtes Gehäuse. Sie wird mit kleiner Pressung in dieses eingebaut, d. h. die drei Außenhülsen verschieben sich beim Einbau radial nach innen und geben so dem Gummi eine kleine allseitig radiale Druckvorspannung. Die Befestigung der Außenhülse im Gehäuse erfolgt durch Umbördeln der drei Außenteile. Der Bund ist zur Aufnahme des Drehmoments vorgesehen. Die Innenhülse der Feder ist über einen Bolzen mit dem Tragring verbunden. Dadurch sind die Federn so angeordnet, daß ihre Längsachse

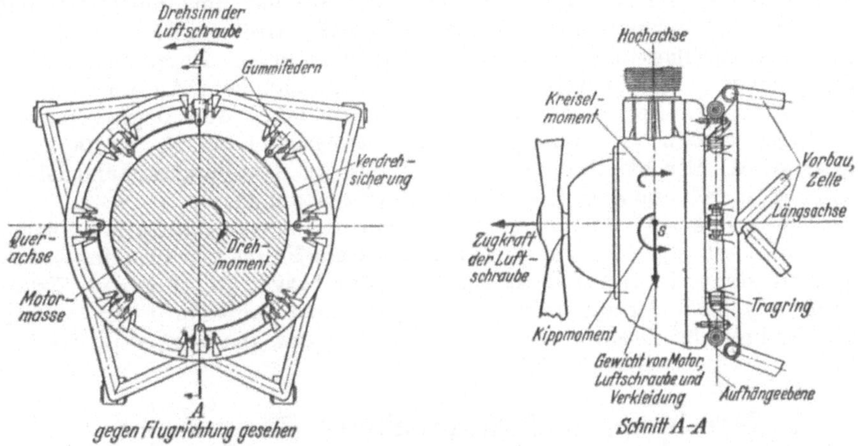

Abb. 22. Schematische Darstellung einer federnden Flugmotorenlagerung mit den von den Gummifedern aufzunehmenden Kräften und Momenten.

mit der Umfangsrichtung des Tragringes zusammenfällt. Um ein Verdrehen um den Aufhängebolzen zu verhüten, werden die Außenhülsen von mehreren Federn zusammengefaßt.

Die auf die Gummifedern wirkenden Kräfte und Momente sind folgende (Abb. 22):

1. Gewicht von Motor, Luftschraube und Verkleidung bzw. sein Vielfaches entsprechend der Flugfigur (Gleitflug, Sturzflug usw.);

2. das Kippmoment infolge der Schwerpunktslage des Motors vor der Aufhängeebene bzw. sein Vielfaches;

3. das Drehmoment infolge der Drehung der Luftschraube;

4. die Zugkraft der Luftschraube;

5. das Kreiselmoment infolge von Änderungen der Flugrichtung. (In Abb. 22 ist z. B. der Fall des Abfangens aus dem Sturzflug gezeichnet.)

Infolge der Verteilung der einzelnen Hülsenfedern auf dem Umfang des Tragringes und der verschiedenen Richtungen der vorstehend genannten Kräfte ergeben sich ganz verschiedene Beanspruchungen, je nach Ort und Stellung der Feder. Bei einer Belastung durch das Gewicht des Motors müssen für die oberen und unteren Federn die Radialfederwerte, für die seitlichen Federn die Axialfederwerte und für die Zwischenpunkte die der Lastrichtung entsprechenden Federwerte berücksichtigt werden. Die Kräfte auf die oberen Federn sind z. B., da ihr Radialfederwert das 7- bis 9fache des Axialfederwerts beträgt, 7 bis 9mal so groß. Hinzu kommt für die oberen und unteren Federn die Querkraft infolge des Kippmoments, sowie die Kraft des Schraubenzugs. Durch vektorielle Addition dieser drei Kräfte erhält man die gesamte, auf die oberen Federn wirkende Radialkraft als größte Kraft senkrecht zur Achsrichtung. Die seitlichen Federn bekommen eine größte Belastung in Achsrichtung infolge gleichsinniger Richtung des Drehmoments und des Gewichts. Die Kräfte durch das Kreiselmoment addieren sich nicht zu den Querkräften der oberen und unteren Federn. Sie wirken als Querkräfte auf die seitlichen Federn.

Die Belastungen können bei bestimmten Flugrichtungen beträchtlich werden. Zur Vermeidung von Zerstörungen der Gummifedern muß ihre Beanspruchung daher auf bestimmte Höchstwerte begrenzt werden. Bei $3\,g^1$ beträgt die größte auf eine Gummifeder wirkende Axialkraft z. B. $P_a = 300$ kg. Das entspricht einer axialen Auslenkung von etwa 10 mm und einer auf die Innenhülse der Feder bezogenen Schub-Nennspannung von etwa 6 kg/cm². Größere Beanspruchungen werden mittels Anschlag unmittelbar auf die Zelle übertragen. In radialer Richtung kann die Belastung nur so weit gesteigert werden, daß kein Ausquetschen des Gummis stattfindet. Bei 5 mm Ausschlag müssen daher Anschläge vorgesehen werden. Diese werden bei etwa $6\,g$, d. h. bei etwas mehr als $P_r = 2000$ kg Belastung wirksam. Der bei Radialkräften auftretende Spannungszustand ist verwickelt; er setzt sich aus Zug, Druck und Schub zusammen.

Die bisher genannten Belastungen stellen zugleich Vorspannkräfte dar. Darüber lagern sich Wechselkräfte, die, entsprechend den sechs Freiheitsgraden des Gesamtschwingungssystems, in diesen Resonanzausschläge hervorrufen können. Sie sind in Achsrichtung der Feder am größten und liegen in der Größenordnung von 3 mm beim Durchfahren der Drehresonanz bei einer Frequenz von etwa $n = 1000$/min.

3. Berechnung einfach gestalteter Gummifedern.

3.1. Grundlagen.

3.11. Allgemeines zur Federberechnung. Die wichtigste Aufgabe bei der Federberechnung besteht darin, die *Kennlinie* der Feder zu ermitteln. Man versteht darunter die Beziehung zwischen der aufgebrachten Kraft P und der unter ihrer

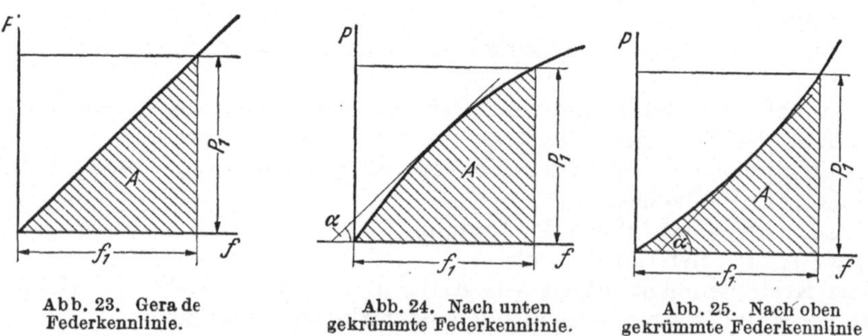

<table>
<tr><td>Abb. 23. Gerade
Federkennlinie.</td><td>Abb. 24. Nach unten
gekrümmte Federkennlinie.</td><td>Abb. 25. Nach oben
gekrümmte Federkennlinie</td></tr>
</table>

Einwirkung entstehenden Formänderung. Das Stück, um das sich der Kraftangriffspunkt verschiebt, heißt Federweg, Federung oder Auslenkung und wird

---

[1] Beim Flug als Massenbeschleunigung auftretende Kräfte werden als Vielfaches der Erdbeschleunigung angegeben (Lastvielfaches). $1\,g$ entspricht dem ruhenden Gewicht. $3\,g$ bedeutet das 3fache, $6\,g$ das 6fache des normalen Gewichts.

mit f bezeichnet. (Bei Biegung nennt man es Durchbiegung, bei Verdrehung Verdrehwinkel.) Zeichnet man P in Abhängigkeit von f auf, so erhält man die Federkennlinie. Sie ist bei Stahlfedern meistens eine Gerade (Abb. 23) oder nahezu eine Gerade. Sie kann aber auch gekrümmt sein (*34*). Die Gleichung der Federkennlinie lautet allgemein

$$(1) \qquad\qquad P = F(f) \, .$$

Bei Gummifedern ist die Kennlinie fast immer gekrümmt und zwar entweder nach unten oder nach oben (Abb. 24 und 25). In manchen Fällen, und besonders bei kleinen Verformungen ist sie angenähert eine Gerade.

Für den im Gebrauch befindlichen Ausdruck *Federkonstante*, auch *Federhärte* oder *Federsteife* genannt, der das Verhältnis von P zu f kennzeichnet, setzt man heute die Bezeichnung *Einheitskraft*. Ihre Dimension ist kg/cm. Sie hat bei gekrümmter Kennlinie die Gleichung

$$(2) \qquad\qquad c = \frac{dP}{df} \, ,$$

wobei c sich in jedem Punkt der Kennlinie ändert. Für die Gerade wird

$$(3) \qquad\qquad c = \frac{P}{f} = \text{const} \, ,$$

da c bei allen Belastungen denselben Wert hat.

Der Wert c ist in beiden Fällen durch den Tangens des Winkels α bestimmt, den eine an einen Punkt der Kennlinie gelegte Tangente mit der f-Achse einschließt.

Ist die Kennlinie praktisch gerade, so ist ihr elastisches Verhalten durch die Einheitskraft vollständig bestimmt. Gekrümmte Kennlinien dagegen muß man aufzeichnen, da sie sich nur punktweise berechnen lassen und weil man doch eine Tangente an einen bestimmten Punkt der Kurve legen muß, um dort die Einheitskraft zu bestimmen.

Um zu Vergleichszwecken nicht jedesmal die ganze Kennlinie angeben zu müssen, empfiehlt es sich, die *Federzahl* einzuführen. Sie ist definiert als diejenige Kraft P, die erforderlich ist, um die Feder um einen bestimmten Betrag f auszulenken. Man bezeichnet sie zweckmäßig mit c und einem zusätzlichen Index, der die Auslenkung angibt. So bedeutet beispielsweise c_5 die zur Auslenkung von 5 mm nötige Kraft, c_{10} die zur Auslenkung von 10 mm nötige Kraft usw. Ihre Dimension ist kg.

Zur richtigen Bemessung einer Feder gehört auch die Kenntnis der auftretenden *Beanspruchung*. Maßgebend ist der Höchstwert der Spannung. Dieser läßt sich jedoch nicht immer errechnen und auch nicht durch Versuch ermitteln, da es für Gummi noch keine Meßgeräte zur Erfassung von Spannungsspitzen gibt, wie sie z. B. für Stahl in Form der Feindehnungsmesser bereits ausgedehnt angewendet werden. Man muß sich bei Gummifedern vorläufig damit begnügen, die größten Nennspannungen zu errechnen und diese mit den als Richtlinien vorhandenen Haltbarkeitswerten zu vergleichen. Festigkeitsrechnungen spielen bei Gummi jedoch lange keine so große Rolle wie die Federungsberechnungen und sie verlieren noch mehr an Bedeutung durch die Erscheinung des Kriechens oder Fließens des Werkstoffs Gummi bereits bei Raumtemperatur, die z. B. bei druckbeanspruchten Gummifedern in bestimmten Fällen dazu zwingt, die Belastung außerordentlich niedrig zu wählen, um das Kriechen auf ein erträgliches Maß zu beschränken.

Häufig ist die Kenntnis des *Arbeitsvermögens* einer Gummifeder wichtig. Das Arbeitsvermögen A ist durch den Ausdruck

$$(4) \qquad\qquad A = \int P df$$

gekennzeichnet. Es ist die Arbeit, die eine Feder aufnimmt, wenn sie durch eine von Null auf P_1 anwachsende Kraft um den Betrag f_1 verformt wird. Sie entspricht dem Inhalt der in Abb. 23—25 gestrichelten Flächen.

Ist die Kennlinie eine Gerade, so lautet die Gleichung

$$\text{(5)} \qquad A = 1/2\, P_1\, f_1 \,.$$

Bei Drehfedern ist an Stelle der Kraft das Moment und an Stelle der Auslenkung der Drehwinkel zu setzen, und das Arbeitsvermögen wird

$$\text{(6)} \qquad A = 1/2\, M d_1\, \varphi_1 \,.$$

Die folgenden Betrachtungen befassen sich vornehmlich mit der Herleitung von gebrauchsfertigen Formeln zur Berechnung der Federkennlinien von einfach gestalteten Gummifedern. Sie sollen dem Konstrukteur Unterlagen an die Hand geben, die ihn dazu befähigen, wenigstens angenähert die von ihm entworfenen Federn auf ihre Federeigenschaften hin zu überprüfen, damit er von dem auch in einfachen Fällen bisher einzigen Weg des umständlichen und kostspieligen Ausprobierens frei wird. Die Ableitungen sind z. T. absichtlich ausführlich angegeben, damit nach ihnen ähnliche Fälle vom Konstrukteur selbst behandelt werden können.

Dabei ist es notwendig, darauf hinzuweisen, daß die Formeln nur für zügige Beanspruchungen gelten. Gummi hat bei wechselnder Beanspruchung andere Federeigenschaften, wie später noch gezeigt wird (s. Abschnitt 4.1).

Wo es möglich war, sind den errechneten Kennlinien zum Vergleich die durch Versuche aufgenommenen Kennlinien gegenübergestellt. Dabei ist es nützlich zu wissen, daß bei der versuchsmäßigen Ermittlung der Federkennlinie von Gummifedern einige besondere Eigenheiten des Werkstoffs Gummi berücksichtigt werden müssen, wenn man gut vergleichbare Werte erhalten will. Dazu gehört das sog. Kriechen des Gummis nach aufgebrachter Last, die Abhängigkeit der Versuchswerte von der Belastungsgeschwindigkeit und die Tatsache, daß bei mehrmals hintereinander wiederholter Belastung an ein und demselben Versuchskörper sich zunächst jedesmal etwas andere Werte einstellen, bis diese nach einigen Wiederholungen gleich bleiben. Um von der letzten Erscheinung freizuwerden, kann man die Kennlinien der zu vergleichenden Federn alle am unbeanspruchten, d. h. am vorher noch nicht belasteten Werkstoff aufnehmen. Besser ist es jedoch, die Feder 6—8 mal bis zur Höchstlast zu beanspruchen, bevor man zur eigentlichen Messung übergeht. Man erreicht dadurch eine Lockerung des Gefüges und eine Beseitigung örtlicher Starrheiten in ihm. Dann belastet man zweckmäßig in Stufen, wobei nach jeder Stufe solange gewartet werden muß, bis das Kriechen praktisch beendet ist. Die Belastungsgeschwindigkeit von einer Stufe zur anderen muß gering gehalten werden (etwa 0,2 cm/s). Werden die genannten Bedingungen eingehalten, dann treten die Federkennlinien als unendlich langsam aufgenommene Kurven auf, die mit den berechneten vergleichbar sind.

Grundsätzlich kann der Gummi auf Druck, Schub, Zug und auf Drehung beansprucht werden. Parallel zueinander geradlinig bewegte Metallplatten zwischen die Gummi vulkanisiert ist, beanspruchen den Gummi auf *Parallelschub*. Zwischen zwei zylindrischen Buchsen vulkanisierter Gummi, wobei die Buchsen gegeneinander gedreht werden, wird auf *Drehschub* beansprucht. Parallele Metallscheiben, die gegeneinander verdreht werden, beanspruchen den Gummi auf Torsion oder *Verdrehschub*. Häufig treten auch kombinierte Beanspruchungen auf. Auf Biegung beanspruchte Gummifedern sind selten. Sie können bei den vorliegenden Betrachtungen vernachlässigt werden.

Zur Methode der Ableitung der später folgenden Berechnungsformeln ist noch zu bemerken, daß als Grundlage das Hooke'sche Gesetz in den Formen $\tau = \gamma \cdot G$ und $\sigma = \varepsilon \cdot E$ nach der elementaren Elastizitätstheorie genommen worden ist. Obwohl dieses Gesetz bisher nur für die elastischen Formänderungen metallischer Werkstoffe, also für sehr kleine Verformungen, streng gültig nachgewiesen ist, läßt es sich auch für den Werkstoff Gummi, bei dem die Voraussetzung kleiner Verformungen nicht mehr streng erfüllt ist, nützlich anwenden, wenn seine Übertragung auf das elastische Verhalten von Gummi in geeigneter Weise geschieht.

Dabei ist allein der Grad der Übereinstimmung zwischen Rechnung und Versuch maßgebend. Auf Grund dieser Forderung ist zwischen kleinen und großen Gummiverformungen unterschieden. Als klein sind diejenigen Verformungen angesehen, bei denen die Anwendung des Hooke'schen Gesetzes in der bekannten Form genügt, um eine ausreichende Übereinstimmung zu erzielen. Die Grenze, bis zu der die so erhaltenen Formeln gelten, ist etwa angegeben. Bei der Berechnung der Formeln für große Verformungen, die natürlich auch für kleine gelten, ist z. B. bei den schub-, dreh- und verdrehbeanspruchten Federn an Stelle des Schiebungswinkels in der Formänderungsfunktion der Tangens dieses Winkels angesetzt, wodurch sich eine bedeutende Annäherung an die Versuchskurve ergibt, wie Abb. 50a und b anschaulich beweist.

Eine weitergehende Nährung ist auf mathematischem Wege nicht mehr möglich. Es sind deshalb bei den praktisch wichtigen Hülsenfedern (Abschnitt 3.3 und 3.8) durch umfangreiche Versuche ermittelte Korrekturfaktoren eingeführt, die die Federabmessungen, die Verformung und die Weichheit des Gummis berücksichtigen und dadurch eine noch bessere Übereinstimmung zwischen Rechen- und Versuchswerten ergeben, als sie durch mathematische Ableitungen möglich ist. Das Auffinden von solchen Korrekturfaktoren auch für andere Federarten ist Aufgabe der weiteren Forschung.

3.12. Weichheitszahl und Federeigenschaften. Nach DIN DVM 3503 wird die Weichheit von Weichgummi durch die *Weichheitszahl* ausgedrückt. Sie ist eine unbenannte Zahl, die sich aus dem Unterschied zwischen den Eindringtiefen einer polierten, gehärteten Stahlkugel bei verschiedenen Belastungen (Vorlast gegen Gesamtbelastung) ergibt. Die Prüfbedingungen sind: Kugeldurchmesser $= 10$ mm, Vorlast $= 50$ g, Prüflast $= 1000$ g, Belastungsdauer $= 10$ s, Temperatur $= 20 \pm 2°$ C, Plattendicke $= 6 \pm 0,2$ mm. Die hiernach ermittelten Eindringtiefen in $^1/_{100}$ mm sind die sog. Weichheitszahlen, die zur Kennzeichnung der einzelnen Gummisorten benutzt werden.

Darüber hinaus können sie aber auch noch als Maß für die Federwerte dienen. Im Gegensatz zu früheren Anschauungen (*35*) steht nämlich heute fest, daß zwischen den Federeigenschaften eines Körpers aus technischem Gummi und seiner Weichheit ein bestimmter Zusammenhang besteht (*3, 9, 36*). Voraussetzung dazu ist jedoch, daß sowohl die Federwerte als auch die Weichheitszahlen unter denselben Bedingungen und an demselben zu prüfenden Körper ermittelt werden.

Diese Voraussetzung ist nicht immer erfüllbar. Für Hülsenfedern nach Abb. 39 z. B. ist die 10 mm-Kugel nicht zu gebrauchen, da die freie Gummioberfläche zu klein ist. Man wählt deshalb zweckmäßig andere Bedingungen, mit denen praktisch Werte erhalten werden können, die den DVM-Weichheitszahlen identisch sind.

In Abb. 26 sind die an Normal-Gummiproben von 6 mm Stärke gemessenen DVM-Weichheitszahlen in Abhängigkeit von den nach besonderen Festlegungen ermittelten Weichheitszahlen dargestellt. In Übereinstimmung mit den bei Härtemessungen üblichen Bezeichnungen sind Kurzzeichen gewählt. W 10/1/10 bedeutet die DVM-Weichheitszahl mit 10 mm Kugeldurchmesser, 1 kg Last und 10 sec Belastungsdauer. W 2,5/0,5/30 bedeutet die besonders festgelegte Weichheitszahl zur Prüfung von Bauteilen mit 2,5 mm Kugeldurchmesser, 0,5 kg Last und 30 sec Be-

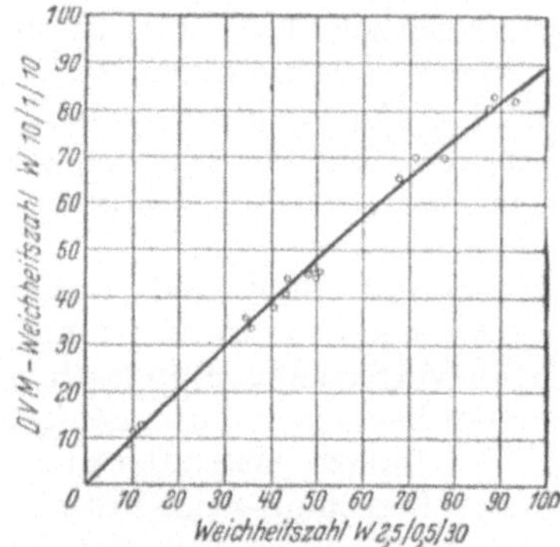

Abb. 26. Zusammenhang zwischen den
Weichheitszahlen W 10/1/10 und
W 2,5/0,5/30.
Ermittelt an Normal-Gummiprobe
von 6 mm Stärke.
Bedeutung der Kurzzeichen:
1. W 10/1/10 = Weichheitszahl/10 mm
Kugel/1 kg Last/10 sec Belastungsdauer. (Entspricht DVM-Weichheitszahl.
2. W 2,5/0,5/30 = Weichheitszahl/2,5
mm Kugel/0,5 kg Last/30 sec Belastungsdauer. (Entspricht besonderen Festlegungen.)

Abb. 27. Gerät zur Bestimmung
der Weichheitszahl von Gummi und von
Hülsenfedern (Bauart BMW Spandau)

lastungsdauer. Bis zur DVM-Weichheitszahl
W 10/1/10 = 40 stimmen beide genau überein.
Bei höheren Werten lassen sich die den ge-
messenen Weichheitszahlen entsprechenden
DVM-Weichheitszahlen aus der Kurve ab-
lesen.

Ein einfaches Gerät, mit dem beide Weichheitszahlen bestimmt werden können, zeigt
Abb. 27. Die in einem Gestell befestigte

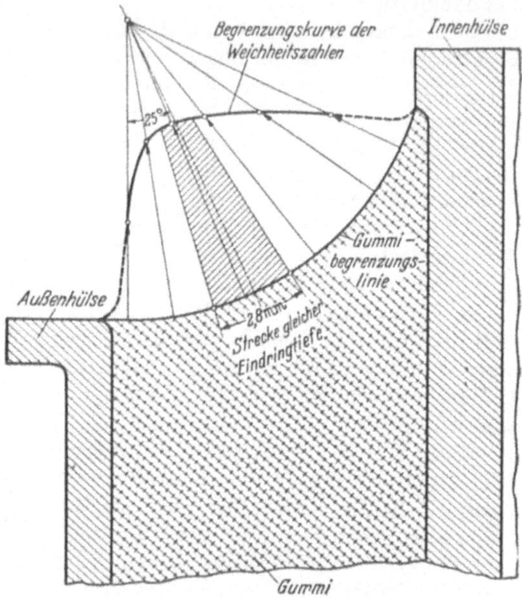

Abb. 28. Verlauf der Weichheitszahlen
über der Gummibegrenzungslinie einer Hülsenfeder.
25° = Einstellwinkel für größte Eindringtiefe.
Maßstäbe: 1. Federabmessungen: 1 cm ≙ 0,1 cm.
2. Weichheitszahl: 1 mm ≙ $^1/_{100}$ mm.

Meßuhr ist so ausgebildet, daß der Meßuhr-
stift oben einen Teller zur Aufnahme des
Belastungsgewichts und unten einen aus-
wechselbaren Kugeleinsatz trägt. Der Tisch
ist senkrecht verstellbar. Ebene Gummiplatten werden unmittelbar auf den Tisch
gelegt. Bauteile, wie die gezeigte Hülsenfeder,
werden besonders eingespannt. Die Einspann-
vorrichtung ist schwenkbar, so daß die Hülsenfeder in den günstigsten Winkel gebracht
werden kann. Dieser Winkel muß für jede
Begrenzungslinie besonders bestimmt werden,
da der Verlauf der Weichheitszahlen über der
Begrenzungslinie verschieden ist (Abb. 28).
Die so an Bauteilen ermittelten Werte ent-

sprechen praktisch den an Normalproben gleicher Qualität bestimmten. Es muß jedoch dabei darauf geachtet werden, daß die Meßstelle weit genug von den an-vulkanisierten Metallteilen entfernt ist, ungefähr 4 mm und die Begrenzungslinie an der Meßstelle senkrecht zur Belastungsrichtung liegt. Es emp-fiehlt sich, an mehreren Punkten (am besten 6) auf der freien Gummioberfläche zu messen, um einen guten Mittelwert aus den Streuungen zu bekommen. Die Streuungen betragen bei nor-malen Lieferungen bei den weichsten Sorten nicht mehr als $\pm 4\%$, bei den härtesten Sorten höchstens $\pm 15\%$.

Wie weit die Federeigenschaften einer Hülsen-feder von der Weichheit abhängig sind, geht aus Abb. 29 hervor. Dort ist für eine größere An-zahl von Hülsenfedern gleicher Größe aber ver-schiedener Qualität die mittlere Federzahl c_5 bei Belastung in Achsrichtung über der mittleren Weichheitszahl aufgetragen. Es ist zu erkennen, daß unter Berücksichtigung der bei Gummi im-mer vorhandenen Güteschwankungen, eine recht gute Abhängigkeit vorliegt. In bezug auf die ein-getragene Kurve betragen die Streuwerte nicht mehr als $\pm 10\%$. In der Praxis ist es daher mög-lich und auch einfacher an Stelle der Mischungs-zusammensetzung einer Gummisorte ihre Weichheitszahl anzugeben und aus ihr die Federwerte zu bestimmen. Letzteres ist wichtig für rasche Überprüfung von Lieferungseingängen immer wiederkehrender Teile, weil dann an Stelle der Federwertsprüfung die bedeutend bequemere und zeitsparende Weichheitsprüfung vorgenommen werden kann. Um aus den Weichheitszahlen die Federwerte erhalten zu können, ist es natürlich erforder-lich, für ein bestimmtes Gummibauteil ein Kurvenblatt nach Abb. 29 anzulegen.

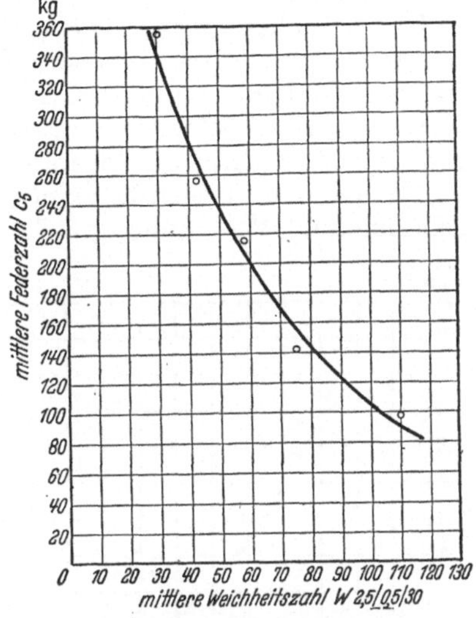

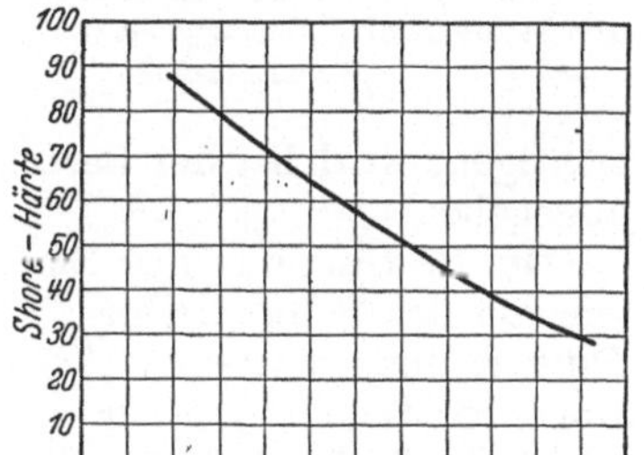

Abb. 29. Abhängigkeit der Federzahl von der Weichheitszahl einer Hülsenfeder. (Gültig für eine Hülsenfeder bestimmter Größe.)

An Stelle der deutschen DVM-Weichheitszahl findet man in der Literatur manchmal die ameri-kanische Shore-Härte bei Gummierzeugnissen angegeben. Ihr Zusammenhang ist aus Abb. 30 ersichtlich. Die Shore-Härte ist mit der eben-falls amerikanischen Durometer-Härte identisch.

Abb. 30. Zusammenhang zwischen DVM-Weichheitszahl und Shore-Härte.

3.13. Schubmodul und Elastizitätsmodul. Genau so wie bei der Berechnung von Stahlfedern ist auch bei Gummifedern die Kenntnis des Schubmoduls (G-Moduls) und des Elastizitätsmoduls (E-Moduls) des verwendeten Werkstoffs notwendig. Die Bestimmung dieser beiden Werte aus versuchsmäßig aufgenommenen Federkenn-linien ist bei Gummi jedoch nicht so einfach wie z. B. bei Stahl, da sowohl der G-Modul als auch der E-Modul sich infolge der meistens nicht geradlinig verlaufen-den Kennlinie dauernd ändern. Sie sind deshalb selbst bei im elastischen Bereich beanspruchten Gummi keine Werkstoffkonstanten wie die entsprechenden Werte der meisten metallischen Werkstoffe. Sie sind abhängig von der Mischungszusam-mensetzung des Gummis (Gummisorte), von den geometrischen Abmessungen der

Feder und von der Größe der Beanspruchung, wobei hinsichtlich der Beanspruchung in manchen Fällen zweckmäßig der ihr entsprechende Grad der Verformung betrachtet wird.

Trotzdem kann man, wie eingehende Versuche bewiesen haben, auch bei Gummi von konstanten Werkstoffkennwerten sprechen, wenn man nämlich den G-Modul und den E-Modul sozusagen auf den unbeanspruchten Werkstoff bezieht. Diese Werte sind an verschiedenen Stellen unabhängig voneinander bestimmt worden und zwar für die wichtigsten technischen Weichgummisorten.

Nach den bisherigen Erkenntnissen liegen die Verhältnisse am einfachsten beim Schubmodul. Wie umfangreiche Versuche an axialbeanspruchten (schubbeanspruchten) Hülsenfedern gezeigt haben (9), ist der Schubmodul von den Federabmessungen nahezu unabhängig. Bezogen auf die Auslenkung Null ändert er sich nur mit der Gummisorte in der in Abb. 31 gezeigten Weise, wobei als Kennzeichen der Sorte die DVM-Weichheitszahl angegeben ist. Danach schwankt der G-Modul in dem Weichheitsbereich 20…100 zwischen 23 und 3,5 kg/cm².

Zu fast genau denselben Werten gelangte HAUSHALTER (37) an anderen schubbeanspruchten Gummifedern. Zum Vergleich sind seine Werte in Abb. 31 mit angegeben. Aus der guten Übereinstimmung der beiden Kurven ist zu erkennen, daß die angegebenen Werte für den G-Modul allgemeine Gültigkeit haben und als Werkstoffkennwerte anzusehen sind. Welcher Korrekturen der G-Modul bedarf, um den Einfluß der Verformung auf den Verlauf der Federkennlinie zu berücksichtigen, wird bei der Berechnung schubbeanspruchter Federn im einzelnen noch angegeben.

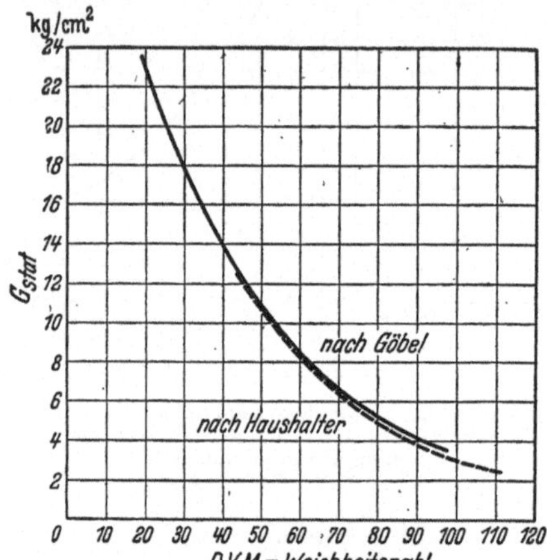

Abb. 31. Statischer Schubmodul G_{stat} von Naturgummi in Abhängigkeit von der DVM-Weichheitszahl.

Die Bestimmung des Elastizitätsmoduls für Gummi ist nicht ganz so einfach wie die des Schubmoduls. Die ersten Untersuchungen dieser Art wurden von BIRKITT und DRAKELEY (38) an druckbeanspruchten Gummipuffern durchgeführt, wobei zur Beseitigung der an den Auflageflächen senkrecht zur Belastungsrichtung wirkenden Reibungskräfte die Auflageflächen geschmiert waren. Es zeigte sich, daß trotz Anwendung verschiedener Schmiermittel, die Federkennlinien bis 20% Zusammendrückung als gerade Linien verliefen und zusammenfielen, und daß der daraus ermittelte E-Modul nahezu dreimal so groß war, wie der G-Modul. Dies Ergebnis wurde von MORRISON (39) bestätigt, als er an zugbeanspruchten Gummibändern die Beziehung E-Modul = ungefähr dreimal G-Modul fand. Schließlich sei noch auf eine Arbeit von HIRCHFELD (40) hingewiesen, in der die Poissonsche Zahl für niedrig beanspruchten Gummi mit $m = 2{,}08$ bis $2{,}17$ angegeben wird. Setzt man m in die bekannte Beziehung zwischen G-Modul und E-Modul ein, so erhält man

$$G_{\text{stat}} = \frac{E_{\text{stat}}}{2\left(1 + \dfrac{1}{m}\right)}$$

und daraus

(7)
$$E_{\text{stat}} = \sim 3\,G_{\text{stat}}.$$

Nach all diesen Versuchen scheint es so zu sein, daß der E-Modul in der Größe dreimal G-Modul als Werkstoffkennwert anzusehen ist. Mit ihm läßt sich jedoch praktisch nicht viel anfangen, da geschmierte Auflageflächen nicht vorkommen, sondern nur ungeschmierte oder vulkanisierte. Für diese Fälle hat HAUSHALTER (5) festgestellt, daß der E-Modul 6,5 mal so groß ist wie der G-Modul und zwar stimmt diese Beziehung für eine große Zahl verschieden großer und verschieden geformter Druckfedern ziemlich genau (s. Abschn. 3.6). Dasselbe Ergebnis zeigte sich bei Versuchen an radialbeanspruchten Hülsenfedern. Auch hier war in dem ganzen untersuchten Weichheitsbereich der E-Modul etwa 6,5 mal so groß wie der G-Modul. Abb. 32 zeigt die beiden Kurven und ihre gute Übereinstimmung. Die Bezeichnung E'_{stat} soll dabei zum Ausdruck bringen, daß es sich nicht um den E-Modul als Werkstoffkennwert handelt, dessen Beziehung zum G-Modul durch Gl. (7) bestimmt ist. Es ist also

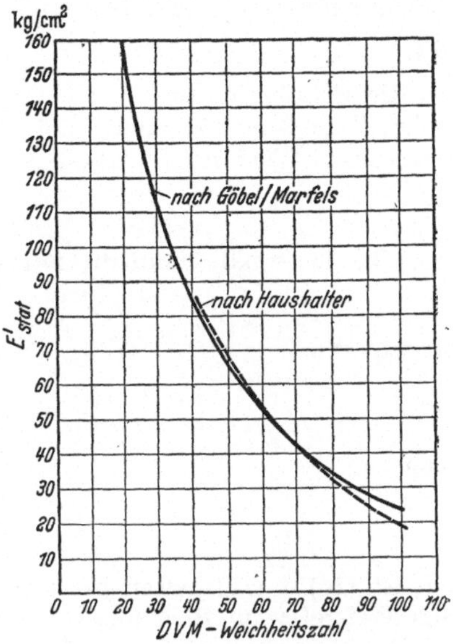

$$(8) \qquad E'_{\text{stat}} = 6,5\, G_{\text{stat}} \,.$$

Man kann den G-Modul und den E-Modul auch angenähert aus der DVM-Weichheitszahl W berechnen nach den Formeln

$$(9) \qquad G_{\text{stat}} = 57 - 27{,}2 \log W \,,$$

$$(10) \qquad E'_{\text{stat}} = 6{,}5\, G_{\text{stat}} = 370 - 177 \log W \,.$$

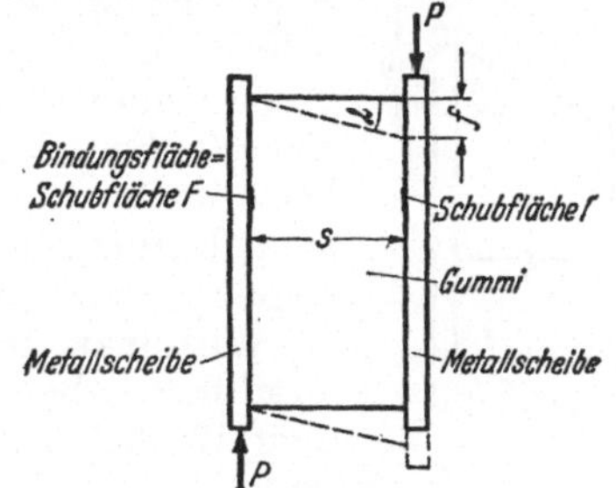

Abb. 32. Statischer Elastizitätsmodul E_{stat} von Naturgummi in Abhängigkeit von der DVM-Weichheitszahl.

Wie und in welchen Fällen die beiden Moduli in die einzelnen Berechnungsformeln einzusetzen sind, wird im folgenden beschrieben. Insbesondere erhält ihre Beeinflussung durch die Federabmessungen und Verformungen in einigen Fällen eine besondere Darstellung.

3.2. Berechnung von schubbeanspruchten Scheibenfedern.

3.21. Einfache Scheibenfeder.
Am einfachsten und der Berechnung am leichtesten zugänglich ist die schubbeanspruchte Scheibenfeder nach Abb. 33. Der Gummi ist dort zwischen zwei ebenen Metallscheiben vulkanisiert. Bei der gezeigten Belastung wird er auf Parallelschub beansprucht, im Gegensatz zum Drehschub und Verdrehschub, die später besprochen werden sollen. Federn der in Abb. 33 dargestellten Art werden auch Laschenfedern oder Blattfedern genannt.

Abb. 33. Einfache, schubbeanspruchte Scheibenfeder.

Belastet man eine solche Feder mit der Kraft P, so verschiebt sich die eine Scheibe gegenüber der anderen um den Betrag f. Der entstehende Verschiebungswinkel sei γ. Dann ist, wenn die Stärke der Gummischicht mit s bezeichnet wird,

$$(11) \qquad \operatorname{tg} \gamma = \frac{f}{s} \,.$$

Nach den elastizitätstheoretischen Gesetzen (s. Abschnitt 3.11, S. 22) herrscht unter dem Einfluß der Kraft P eine Schubspannung τ, die sich aus dem Produkt Verschiebungswinkel γ mal Schubmodul G errechnet.

$$(12) \qquad \tau = \gamma \cdot G .$$

Da die Schubspannung gleich der Kraft pro Flächeneinheit ist, wird $\tau = P/F$, wobei F die über die ganze Schichtstärke konstante Schubfläche bedeutet. Setzt man diesen Wert in Gl. (12) ein, so errechnet sich der Verschiebungswinkel zu

$$(13) \qquad \gamma = \frac{P}{FG} .$$

und Gl. (11) erhält dann die Form

$$\operatorname{tg} \frac{P}{FG} = \frac{f}{s}$$

Daraus wird

$$(14) \qquad \boxed{f = s \operatorname{tg} \frac{P}{FG}}$$

oder

$$(15) \qquad \boxed{P = F G \operatorname{arc} \operatorname{tg} \frac{f}{s}}$$

Die Gl. (14) u. (15) gelten für große Verschiebungswinkel. P/FG in Gl. (14) stellt den Winkel γ im Bogenmaß dar.

Für kleine Winkel ist der Tangens gleich dem Bogenmaß und man kann daher vereinfacht schreiben

$$(16) \qquad \boxed{P = \frac{f F G}{s} .}$$

Dies ist die Gleichung einer Geraden. Sie kann bis zu Verschiebungswinkeln von 20° zur angenäherten Berechnung der Federkennlinie (Kraft-Weg-Kurve) benutzt werden, besonders wenn die beiden Scheiben parallel geführt sind.

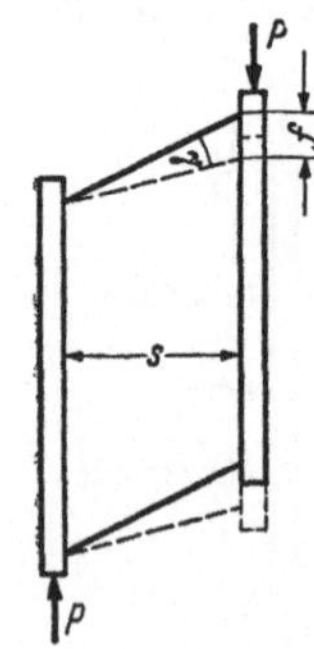

Abb. 34.. Übliche Ausführungsform einer einfachen Scheibenfeder.

3.22. Einfache Scheibenfeder üblicher Ausführung. Abb. 34 zeigt eine der gebräuchlichsten Ausführungsformen von Scheibenfedern. Im Gegensatz zu der Feder nach Abb. 33 sind hier die freien Gummioberflächen oben und unten schiefwinklig begrenzt. Für die Berechnung spielt dies, wie Versuche bewiesen haben, keine große Rolle. Es können daher praktisch die gleichen Formeln benutzt werden, wie sie in Abschnitt 3.21 für rechtwinklig begrenzte Scheibenfedern angegeben sind.

Will man bei den Gl. (14) und (15) den Winkel gleich im Gradmaß haben, so ist mit 57,3 zu multiplizieren, da der Bogen 1 dem Winkel $360/2\pi = 57,3°$ zugehört. Die Gleichungen lauten dann

$$(17) \qquad f = s \operatorname{tg} 57{,}3 \frac{P}{FG}$$

oder

$$(18) \qquad P = F G \operatorname{arc} \operatorname{tg} 57{,}3 \frac{f}{s} .$$

Mit den vorstehenden Gleichungen in Abschnitt 3.21 und 3.22 kann man die Spannung und die Federkennlinie bestimmen, wenn die geometrischen Abmessungen der Feder und der Schubmodul des verwendeten Gummis bekannt sind. Zur Verwendung des Schubmoduls in den bisher abgeleiteten Gleichungen genügt es, ihn aus Abb. 31 für die in Frage kommende Gummisorte, die durch die DVM-Weichheitszahl gekennzeichnet ist, abzulesen und einzusetzen.

Zur Vereinfachung der Rechnung ist in Abb. 35 ein Diagramm zur Bestimmung des Verschiebungswinkels angegeben. Für eine beliebige Scheibenfeder kann, wenn Belastung und DVM-Weichheitszahl bekannt sind, der Auslenkungswinkel unmittelbar abgelesen und dann leicht die Verschiebung be-

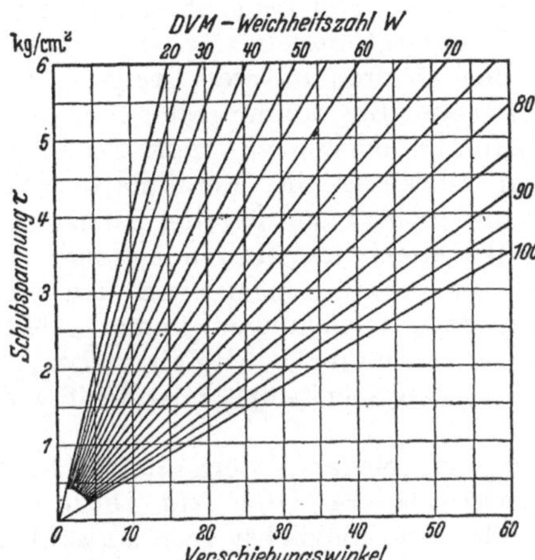

Abb. 35. Diagramm zur Bestimmung des Verschiebungswinkels bei schubbeanspruchten Scheibenfedern.

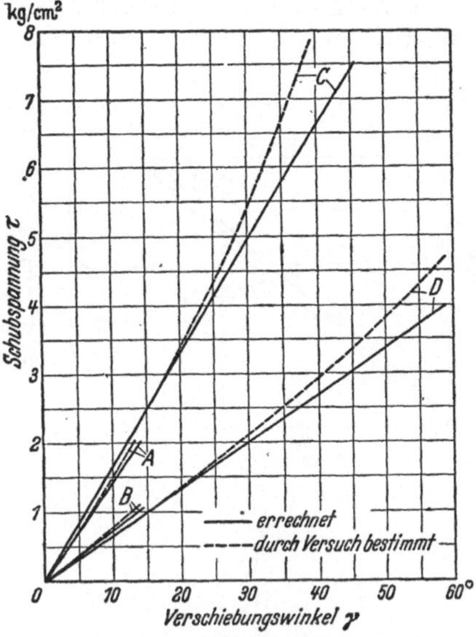

Abb. 36. Vergleich zwischen errechneten und versuchsmäßig ermittelten Belastungskurven einfacher Scheibenfedern (nach D. SMITH) (36).

Kurven	Abmessungen in mm			Schub-fläche in cm²	DVM-Weich-heitszahl
	l	h	s		
A	200	100	45	200	56
B	200	100	45	200	93
C	76	203	76	155	62
D	30,5	76	19	23	90

stimmt werden. Das Diagramm ist aus Gl. (12) entwickelt $(\tau = G \cdot \gamma)$, wobei G eine Funktion der DVM-Weichheitszahl nach Abb. 31 ist.

Beispiel: Gegeben ist eine Feder mit der rechtwinkligen Schubfläche $F = 50$ cm² und der Schichtstärke $s = 2$ cm. Die mittelweiche Gummisorte hat eine Weichheitszahl $W = 60$. Die Belastung ist $P = 100$ kg. Gesucht ist die Auslenkung f.

Aus Abb. 39 ergibt sich der Schubmodul für $W = 60$ zu $G = 8,4$ kg/cm². Die Schubspannung ist $\tau = P/F = 100/50 = 2$ kg/cm². Für diese beiden Werte beträgt der Verschiebungswinkel nach Abb. 35 $\gamma = 13,5°$.

Im Bogenmaß ist $\gamma = \dfrac{2\pi}{360} \cdot 13,5 = 0,236$. Die Auslenkung $f = s \cdot \gamma = 2 \cdot 0,236 = 0,472$ cm $= 4,72$ mm.

Abb. 36 zeigt vier von D. SMITH (36) untersuchte einfache Scheibenfedern, bei denen für nicht allzu große Verschiebungswinkel weitgehende Übereinstimmung zwischen den versuchsmäßig und rechnerisch ermittelten Werten besteht. Die Berechnung erfolgte nach Abb. 35.

3.23. Doppelscheibenfeder und Doppelscheibenpaare. Gute Übereinstimmung besteht auch bei Doppelscheibenfedern, nach Abb. 37. Die Gleichung dafür

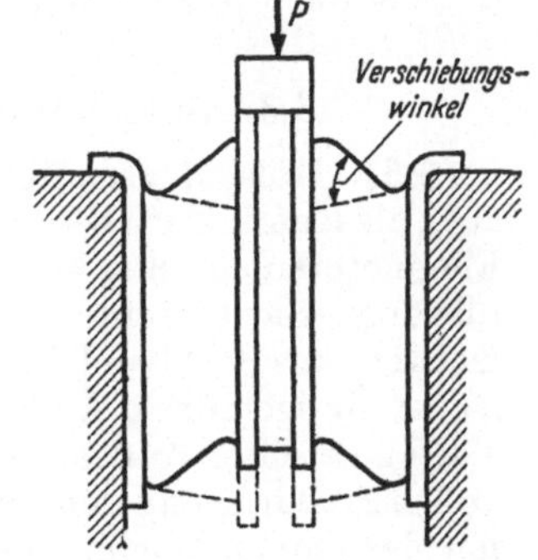

Abb. 37. Doppelscheibenfeder.

lautet:

(19)
$$P = \frac{2\,f F G}{s}.$$

Häufig muß man Scheibenfedern so gestalten, daß eine größere Verschiebung möglich ist, als sie mit einem einzigen Scheibenpaar zu erreichen wäre. Denn die größte praktisch zu verwendende Schichtstärke s beträgt nur 50…60 mm. Der Grund dafür liegt im wesentlichen darin, daß bei größeren Schichtstärken die Vulkanisationszeit wächst, wodurch naturgemäß der Herstellungspreis steigt. Man wählt dann zweckmäßig ein doppeltes Scheibenpaar nach Abb. 38 oder noch mehr Scheiben. Dabei stehen allerdings die Metallplatten bei voller Belastung nicht mehr parallel zueinander und man sollte annehmen, daß mit steigender Scheibenzahl die Abweichungen von den einfachen abgeleiteten Gleichungen immer größer würden. Das ist jedoch nicht der Fall, und selbst bei einem vierfachen Scheibenpaar ist der Fehler sehr gering.

Beim Entwurf solcher Federn empfiehlt es sich, das Verhältnis von Höhe zur Dicke des ganzen Federelements möglichst groß zu wählen, da sie sonst instabil werden und die Rechnung mit dem Versuch nicht mehr übereinstimmt.

Normalerweise werden auf Schub beanspruchte Gummischeiben unter seitlichen Druck gesetzt, d. h. senkrecht zur Schubrichtung vorgespannt. Als Vorspannung wählt man meistens etwa 10% der Gummischichtstärke. Der Einfluß einer solchen Vorspannung auf die Federkennlinie oder die Belastungskurve ist nur gering, so daß bei der Rechnung die Stärke der nicht vorgespannten Gummischicht eingesetzt werden kann.

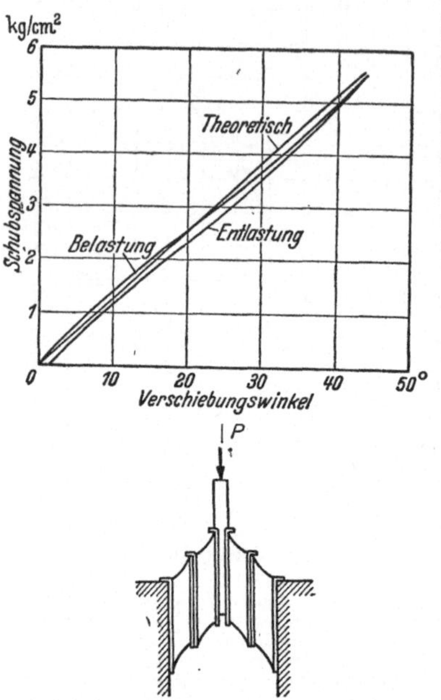

Abb. 38. Belastungskurven eines doppelten Scheibenfederpaares (nach D. Smith).

Die zur Ableitung der Berechnungsformeln herangezogenen Federn hatten rechteckige Schubflächen. Die genannten Gleichungen behalten jedoch auch angenähert ihre Gültigkeit, wenn man eine andere Flächenform benutzt. Voraussetzung dafür ist allerdings wieder ein großes Verhältnis von Höhe zu Federstärke.

3.3. Berechnung von schubbeanspruchten Hülsenfedern.

3.31. Hülsenfedern üblicher Ausführungsart. Hülsenfedern, die man mitunter auch als Rundfedern bezeichnet findet, werden gern und mit Erfolg für die elastische Flugmotorenlagerung verwendet. Abb. 39 zeigt eine dieser Federn in üblicher Ausführung. Sie besteht aus einer Innenhülse, einer dreiteiligen Außenhülse, beide meistens aus Stahl und dem dazwischenliegenden, anvulkanisierten Gummifederteil. Außer dreigeteilten Außenhülsen gibt es auch viergeteilte und ungeteilte. Der Vorteil geteilter Außenhülsen liegt darin, daß man während der Vulkanisation den vollen Preßdruck an den Bindungsflächen erhält. Auch ermöglichen sie ein Schrumpfen des Gummis beim Abkühlvorgang, wodurch Eigenspannungen vermieden werden. Für die Berechnung axial beanspruchter Hülsenfedern spielt es keine große

Rolle, ob die Außenhülse geteilt ist oder nicht. Bei radialer Beanspruchung dagegen muß dies berücksichtigt werden, wie später noch gezeigt wird (s. Abschnitt 3.8).

Der Gummi axial belasteter Hülsenfedern wird ebenfalls auf Parallelschub beansprucht. Für Hülsenfedern nach Abb. 39 läßt sich eine relativ einfache Formel ableiten, wenn man den bei Axialbelastung auftretenden Schubspannungszustand zugrunde legt. Zur Erzielung übersichtlicher geometrischer Verhältnisse wird zunächst die in Abb. 39 dargestellte Hülsenfeder nach Abb. 40 vereinfacht. Das ist möglich, ohne einen großen Fehler zu machen, da man bei den Federn üblicher Ausführung mit beliebiger Gummibegrenzungskurve a doch eine mittlere Höhe nehmen muß.

Wird die Innenhülse gegenüber der ortsfesten Außenhülse durch die Kraft P_a axial verschoben, so entstehen im Gummi Schubspannungen von der Größe

$$(20) \qquad \tau = \frac{P_a}{F},$$

wobei F die einem beliebigen Durchmesser zugehörige Zylindermantelfläche darstellt. Setzt man den veränderlichen Durchmesser gleich x, so lautet die Gleichung für die Schubnennspannung

$$(21) \qquad \tau = \frac{P_a}{F} = \frac{P_a}{\pi x h}.$$

τ ist also für jeden Durchmesser verschieden. Unter der Annahme, daß die Spannungen den Verschiebungen proportional sind (s. Abschn. 3.11, S. 22), ergibt sich als Verschiebungswinkel

$$(22) \qquad \gamma = \frac{G}{\tau}.$$

Beim Elementarteilchen ist der Verschiebungswinkel $\gamma = \dfrac{df}{\frac{dx}{2}}$, also

$$df = \gamma \frac{dx}{2}$$

$$(23) \qquad df = \frac{\tau}{2G} dx = \frac{P_a\, dx}{2\,\pi x h\, G}.$$

Durch Integration wird

$$f = \int \frac{P_a}{2\,\pi x h\, G}\, dx \qquad = \frac{P_a}{2\,\pi h\, G} \int \frac{dx}{x} \qquad = \frac{P_a}{2\,\pi h\, G}\, [\ln x]_{x_i}^{x_a}$$

$$f = \frac{P_a}{2\,\pi h\, G} (\ln x_a - \ln x_i) \qquad = \frac{P_a}{2\,\pi h\, G} \ln \frac{x_a}{x_i}$$

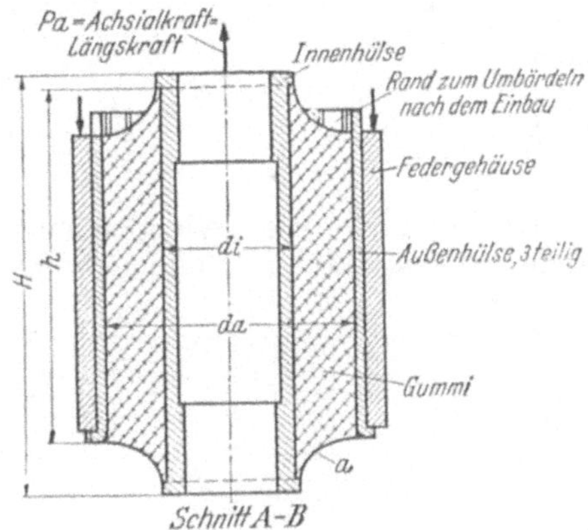

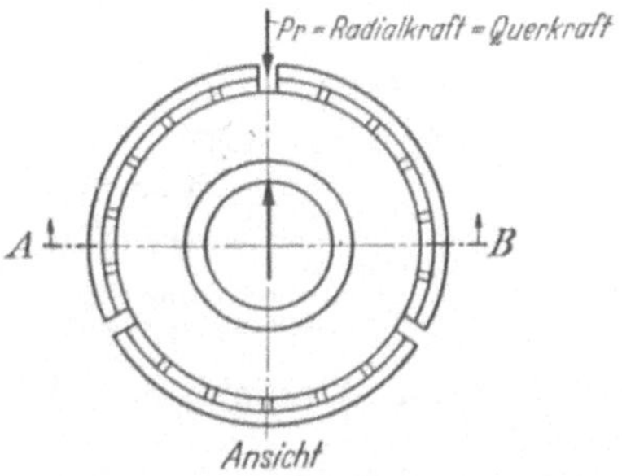

Abb. 39. Schnitt und Ansicht einer Hülsenfeder üblicher Form mit dreiteiliger Außenhülse.

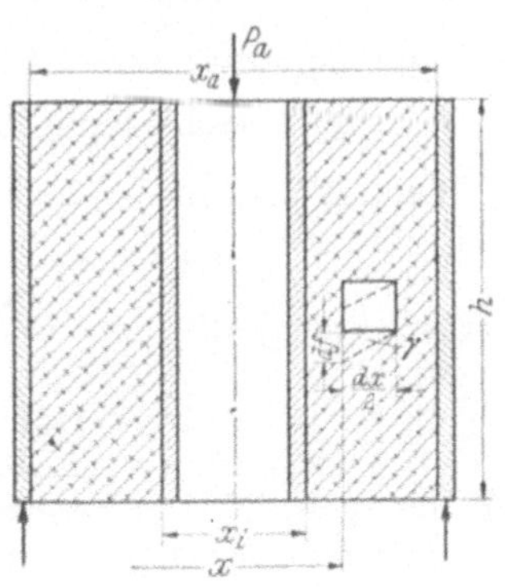

Abb. 40. Hülsenfeder mit ebenen Stirnflächen.

Setzt man für $x_a = d_a$ und für $x_i = d_i$, so wird die Verschiebung

$$f = \frac{P_a}{2\,\pi\,h\,G}\,\ln\frac{d_a}{d_i}$$

oder

$$(24)\qquad P_a = f\,\frac{2\,\pi\,h\,G}{\ln\dfrac{d_a}{d_i}}$$

Gl. (24) stellt die Federgleichung dar. Sie enthält die konstanten Federabmessungen und den Schubmodul G, der wieder für eine gegebene DVM-Weichheitszahl aus Abb. 31 entnommen werden kann. Berechnet man nach dieser Gleichung die Kraft-Weg-Kurve, so erhält man eine gerade Linie, die mit der wirklichen, d. h. mit der durch Versuch aufgenommenen Federkennlinie nur bei kleinen Auslenkungen übereinstimmt. Eine bessere Annäherung dieser beiden Kurven aneinander würde man erhalten, wenn die Rechnung statt mit γ mit tg γ durchgeführt wird. Praktisch benötigt man aber einen noch genaueren Verlauf der Kennlinie bis, zu etwa 20% Auslenkung, so daß zweckmäßigerweise die obige Gleichung mit einer Korrektur versehen wird, wenn sie als analytischer Ausdruck der Federgleichung für die in Wirklichkeit recht krummlinigen axialen Kennlinien Gültigkeit haben soll.

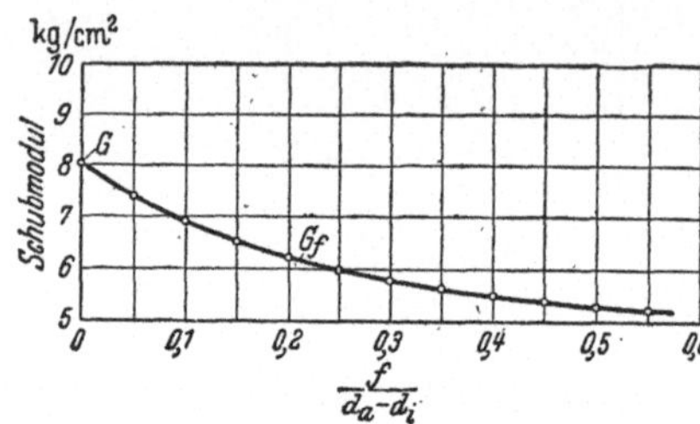

Abb. 41. Abhängigkeit des Schubmoduls vom Verhältnis $\dfrac{f}{d_a - d_i}$.

Ermittelt an Hülsenfedern verschiedener Größe aus Gummi, Qual. FI 500.

G = Schubmodul bei der Auslenkung f = 0. Werkstoffkennwert.

G_f = Schubmodul bei der Auslenkung f, bedingt durch Verformung des Gummis.

Versuche haben ergeben, daß der Schubmodul G nicht von der Federgröße abhängig ist, sondern vom Verhältnis $\dfrac{f}{d_a - d_i}$, wie es beispielsweise Abb. 41 für eine bestimmte Gummiqualität zeigt. Die Kurve wurde aus einer Reihe von Versuchen an Hülsenfedern von verschiedener Größe, d. h. von verschiedenem Verhältnis $\dfrac{f}{d_a - d_i}$ ermittelt. Benutzt man diese Kurve in Verbindung mit Gl. (24), wobei für G das der gewählten Auslenkung f bzw. $\dfrac{f}{d_a - d_i}$ zugehörige G_f eingesetzt wird, so erhält man Federkennlinien, die den versuchsmäßig aufgenommenen außerordentlich nahekommen.

In Abb. 42 sind für vier verschiedene, in Zahlentafel 6 und Abb. 44 wiedergegebene Federgrößen die errechneten Federkennlinien den praktisch aufgenommenen gegenübergestellt. Der Vergleich zeigt, daß die Abweichung im ungünstigsten Fall für die Federzahl c_5 etwa 5% beträgt. Diese Genauigkeit ist praktisch vollkommen ausreichend. Sie liegt noch innerhalb der normalen Güteschwankungen einer Gummisorte, die z. B. bei Eingangsprüfungen in der Luftfahrtindustrie nicht mehr als $\pm 10\%$ betragen soll.

Wie weiter festgestellt werden konnte (41), verlaufen bei den üblichen Gummisorten diese Kurven so, daß das Verhältnis des Schubmoduls G_f zum Schubmodul G etwa konstant ist. Die Kurven verlaufen also affin und man kann schreiben

$$(25)\qquad \frac{G_f}{G} = \text{const} = k\,,$$

Zahlentafel 6. Abmessungen und Federzahlen der Hülsenfedern nach Abb. 42 u. 44
(Gummiqualität FI 500).

Feder-größe	d_a mm	d_i mm	h mm	v cm³	c_{sv} kg	c_{sr} kg	Unter-schied %
A	41,5	21	58,5	59,0	168	165	—1,8
B	50,0	20	48,5	80,0	102	107	+5,0
C	37,0	19	28,5	22,5	78	77,5	—1
D	42,0	18	19,0	21,5	40	42	+5,0

Es bedeuten nach Abb. 39: d_a = Außendurchmesser, d_i = Innendurchmesser, h = in die Rechnung eingesetzte Höhe, v = Gummivolumen, c_{sv} = versuchsmäßig ermittelte Federzahl, c_{sr} = rechnerisch bestimmte Federzahl,

$$\text{Unterschied} = \frac{c_{sr} - c_{sv}}{c_{sv}} \cdot 100.$$

k ist der Korrekturfaktor, mit dem der aus Abb. 31 genommene Schubmodul G multipliziert werden muß, um G_f zu erhalten. Dabei ist G als Werkstoffkennwert anzusehen, während G_f durch die Verformung des Gummis bei Belastung bedingt ist. Die Abhängigkeit des Korrekturfaktors k vom Verhältnis $\dfrac{f}{d_a - d_i}$ ist aus Abb. 43 ersichtlich. Diese k-Werte sind nun für alle technischen Gummisorten gültig, wodurch sich allerdings etwas größere Abweichungen zwischen Rechnung und Versuch ergeben, als die vorher nur für eine Sorte gezeigten.

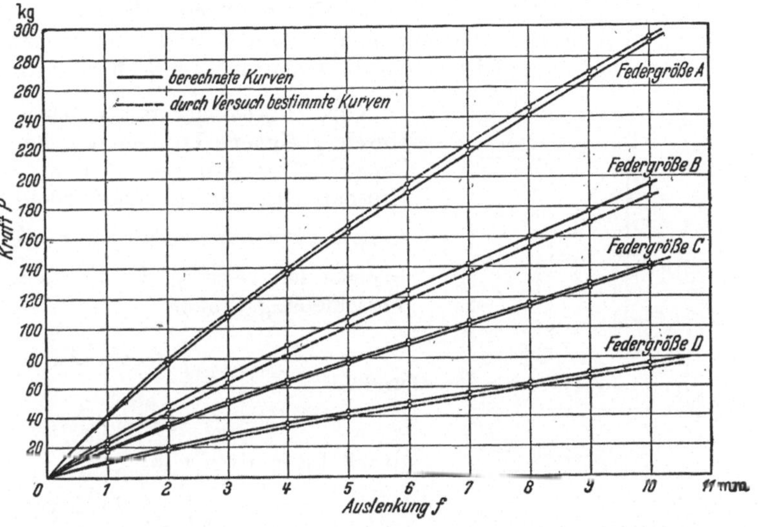

Abb. 42. Errechnete und versuchsmäßig ermittelte Axialfederkennlinien von Hülsenfedern verschiedener Größe. Federgrößen A, B, C u. D siehe Zahlentafel 6 u Abb. 44.

Abb. 43. Korrekturfaktor k in Abhängigkeit vom Verhältnis $\dfrac{f}{d_a - d_i}$.

Damit erhält die Federgleichung die endgültige Form

$$(26) \qquad P = k f \frac{2 \pi h G}{\ln \dfrac{d_a}{d_i}}$$

Sind von einer Hülsenfeder die geometrischen Abmessungen d_a, d_i und h und die DVM-Weichheitszahl bekannt, so ist G aus Abb. 31 und k für das Verhältnis $\dfrac{f}{d_a - d_i}$ aus Abb. 43 zu entnehmen und in Gl. (26) einzusetzen.

Für *Hülsenfedern mit kegeligen Stirnflächen* nach Abb. 45 wird von HAUS-
HALTER (*37*) eine Formel zur Berechnung der Axialverschiebung angegeben. Sie
lautet

$$f = \frac{P}{2\,\pi G}\left(\frac{r_2 - r_1}{h_2 r_1 - h_1 r_2}\right)(\ln h_2 r_1 - \ln h_1 r_2)\,.$$

Abb. 44. Hülsenfedern für die elastische Flugmotorenlagerung.
$V = 0{,}5.$

Dies ist die Gleichung einer geraden Linie, da sie nicht von dem Verhältnis $\dfrac{f}{d_a - d_i}$ abhängigen Korrekturfaktor k enthält. Mit diesem Faktor erhält man die Federgleichung zu

$$(27)\qquad P = k f \frac{2\,\pi G\,(h_2 r_1 - h_1 r_2)}{(r_2 - r_1)(\ln h_2 r_1 - \ln h_1 r_2)}\,.$$

Setzt man in dieser Gleichung $h_1 = h_2 = h$, so ergibt sich durch Umformung die
vorher abgeleitete Gl. (26) für die Hülsenfeder mit ebenen Stirnflächen.

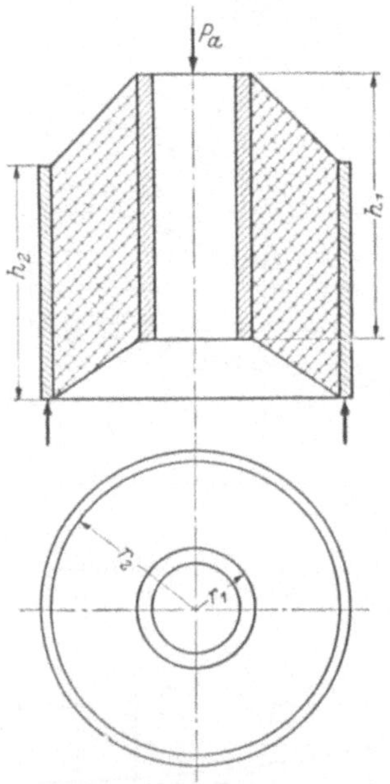

Abb. 45. Hülsenfeder mit kegeligen
Stirnflächen.

3.32. Hülsenfeder mit gleicher Schubnennspannung.
Durch geeignete Formgebung der freien Gummioberflächen (Begrenzungslinie a in Abb. 39) lassen sich
Hülsenfedern mit gleicher Schubnennspannung herstellen. Für diesen Fall ist $\tau = \dfrac{P}{F}$, wobei $F = d_x \pi h_x$
$= \text{const}$ ist. Analog der früheren Ableitung ist der
Verschiebungswinkel

$$\gamma = \frac{P}{FG}$$

und

$$d f = \frac{P}{2\,FG}\,d x$$

durch Integration wird

$$f = \frac{P}{2\,FG}\int d x = \frac{P}{2\,FG}\,[x]_{d_i}^{d_a}$$

$$f = \frac{P}{2\,FG}\,(d_a - d_i) = \tau\,\frac{d_a - d_i}{2\,G}\,.$$

Mit Einführung des Korrekturfaktors k wird

$$(28)\qquad \boxed{\;\tau = k\,\frac{2 f G}{d_a - d_i}\;}$$

Oder in anderer Form

$$f = \frac{P}{2\,FG}\,(d_a - d_i) = \frac{P d_a}{2\,FG} - \frac{P d_i}{2\,FG}$$

$$= \frac{P d_a}{2\,d_a \pi h_a G} - \frac{P d_i}{2\,d_i \pi h_i G} = \frac{P h_i - P h_a}{2\,\pi G h_a h_i}$$

$$f = \frac{P\,(h_i - h_a)}{2\,\pi h_a h_i G}\,.$$

Daraus wird

$$P = \frac{2 f h_a h_i \pi G}{h_i - h_a}$$

und mit dem Korrekturfaktor k

(29)
$$\boxed{P = k \, \frac{2 f h_a \pi G}{1 - \dfrac{h_a}{h_i}}}$$

Die Gl. (28) und (29) stellen Federgleichungen von Hülsenfedern mit gleicher Schubnennspannung dar. Als Begrenzungslinie der freien Gummioberflächen ergibt sich eine Hyperbel mit der Funktion

(30)
$$F = d_x \pi h_x = \text{const} .$$

Die praktische Anwendung der gefundenen Beziehungen für die Feder gleicher Schubnennspannung zeigt folgendes Beispiel. Es sei die Aufgabe gestellt, aus der Feder A in Zahlentafel 6 eine Feder mit gleicher Schubnennspannung zu konstruieren, ohne daß sich ihre Axialfederkennlinie ändert. Beläßt man aus Gründen der Festigkeit des Federbolzens die Innenabmessungen d_i und h_i, so sind auf Grund der abgeleiteten Formeln d_a und h_a bestimmbar. Nach Gl. (28) ist

$$\tau = k \, \frac{2 f G}{d_a - d_i} = \frac{P}{d_i \pi h_i}$$

daraus folgt

(31)
$$d_a = d_i + \frac{k \, 2 \pi f G d_i h_i}{P} ,$$

wobei das G für Qualität FI 500 mit 8,1 kg/cm² einzusetzen ist (Abb. 41), P in Abhängigkeit von f aus Abb. 42 und k aus Abb. 43 zu entnehmen ist.

Infolge der Gleichheit der Scherfläche der Innen- und Außenhülse ist

$$d_a \pi h_a = d_i \pi h_i$$

und

(32)
$$h_a = \frac{d_i h_i}{d_a} .$$

Die mit den so ermittelten Werten d_a und h_a gestaltete Feder hat dieselbe Axialfederkennlinie wie die ursprüngliche Feder. In Abb. 46 sind die Gummischnittflächen (Rotationsflächen) der beiden Federn übereinander gezeichnet. Man erkennt, daß durch die Ausbildung mit gleicher Schubnennspannung eine wesentliche Gummiersparnis erzielt werden kann. Das gilt allgemein für axial beanspruchte Hülsenfedern. In den Fällen, bei denen auch die Radialfederkennlinie wichtig ist, muß natürlich geprüft werden, in welchen Grenzen sich diese durch die genannte Maßnahme ändert. Das Verhalten bei Radialbeanspruchung wird später beschrieben.

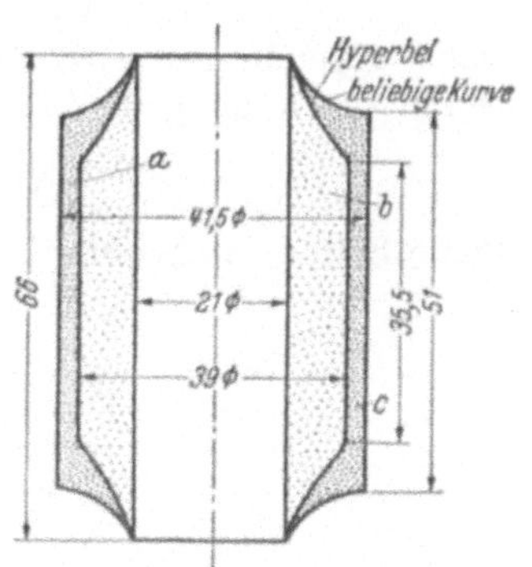

Abb. 46. Schnitt durch den Gummi von zwei verschieden großen Hülsenfedern mit gleichen Axialfederkennlinien a = übliche Ausführung,
    b = Ausführung für gleiche Schub-Nennspannung,
    c = Gummiersparnis von b gegenüber a.

3.4. Berechnung von drehbeanspruchten Hülsenfedern.

3.41. Hülsenfeder mit konstanter Länge (Abb. 47). Hülsenfedern können bei entsprechendem Angriff eines Drehmoments M_d auf Drehung beansprucht werden.

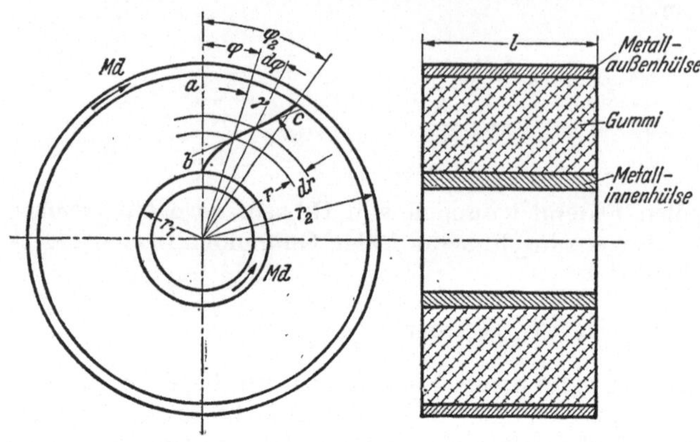

Abb. 47. Auf Drehung beanspruchte Hülsenfeder

Man spricht dann von Drehschub, zwecks Unterscheidung zum früher besprochenen Parallelschub. Der Winkel φ, um den der Gummi dabei gedreht wird. heißt Drehwinkel.

Analog der früheren Einheitskraft ergibt sich bei Drehbeanspruchung das *Einheitsmoment*

$$(33) \qquad c_M = \frac{M_d}{\varphi}.$$

Das Einheitsmoment gibt an, welches Drehmoment in cmkg erforderlich ist. um den Drehwinkel 1 (im Bogenmaß) hervorzurufen.

Auch bei den folgenden Berechnungen handelt es sich vornehmlich darum, Beziehungen zwischen Drehmoment und Drehwinkel zu finden, aus denen die Kennlinien berechnet werden können.

a) **Bei kleinen Drehwinkeln.** Das aufgebrachte Drehmoment M_d erzeugt eine Schubspannung von der Größe

$$(34) \qquad \tau = \frac{P}{F} = \frac{M_d}{r \cdot F} = \frac{M_d}{2\,\pi\,r\,l \cdot r}.$$

Weiter ist nach Abb. 47 angenähert:

$$(35) \qquad \frac{r\,d\varphi}{dr} = \gamma = \frac{\tau}{G},$$

wobei angenommen wird, daß sich der Schnitt a—b in Abb. 47 nach b—c verformt. Durch Umformung wird

$$d\varphi = \frac{1}{r} \cdot \frac{M_d}{2\,\pi \cdot r^2 \cdot l \cdot G} \cdot dr.$$

Beide Seiten integriert:

$$\int_{\varphi_1}^{\varphi_2} d\varphi = \frac{M_d}{2\,\pi\,l\,G} \int_{r_1}^{r_2} \frac{1}{r^3}\,dr = \varphi_2$$

$$\varphi_2 = \frac{M_d}{2\,\pi\,l\,G} \int r^{-3} \cdot dr$$

$$\varphi_2 = \frac{M_d}{2\,\pi\,G} \left[\frac{r^{-2}}{-2}\right] = -\frac{M_d}{4\,\pi\,l\,G}\left[\frac{1}{r^2}\right]$$

$$= -\frac{M_d}{4\,\pi\,l\,G}\left[\frac{1}{r_2^2} - \frac{1}{r_1^2}\right] = \frac{M_d}{4\,\pi\,l\,G}\left(\frac{1}{r_1^2} - \frac{1}{r_2^2}\right)$$

$$(36) \qquad \boxed{\varphi_2 = \frac{M_d}{4\pi l G}\left(\frac{1}{r_1^2} - \frac{1}{r_2^2}\right)} \quad \text{Bogen} \quad = \text{Drehwinkel im Bogenmaß}.$$

$$(37) \qquad \boxed{\varphi_2 = 57{,}3\,\frac{M_d}{4\pi l G}\left(\frac{1}{r_1^2} - \frac{1}{r_2^2}\right)} \quad \text{Grad} \quad = \text{Drehwinkel im Gradmaß}.$$

b) **Bei großen Drehwinkeln.** Für große Drehwinkel setzt man angenähert:

$$(38) \qquad \frac{r\,d\varphi}{dr} = \mathrm{tg}\,\gamma$$

$$M_d = 2\pi r^2 l G \gamma$$

$$(39) \qquad \gamma = \frac{M_d}{2\pi r^2 l G}\,.$$

Aus den Gl. (38) und (39) ergibt sich

$$\frac{r\cdot d\varphi}{dr} = \mathrm{tg}\,\frac{M_d}{2\pi r^2\, G}$$

$$(40) \qquad d\varphi = \frac{1}{r}\,\mathrm{tg}\,\frac{M_d}{2\pi r^2 l G}\cdot dr\,.$$

Für ein gegebenes Drehmoment an einer gegebenen Feder ist $M_d/2\pi l G = \text{const} = a$.

Durch Integration von Gl. (40) erhält man

$$(41) \qquad \int_{r_1}^{\varphi_2} d\varphi = \int_{r_1}^{2} \frac{1}{r}\,\mathrm{tg}\,\frac{a}{r^2}\cdot d_r = \varphi_2\,.$$

Setzt man $\dfrac{a}{r^2} = t$ oder $r = \sqrt{\dfrac{a}{t}}$, dann ist

$$dt = -2\,a\,r^{-3}\,dr \quad \text{und} \quad dr = \frac{-a^{1/2}\,dt}{2\,t^{3/2}}$$

$$\varphi_2 = -\int_{r_1}^{t_2}\left(\frac{t}{a}\right)^{1/2}(\mathrm{tg}\,t)\,\frac{a^{1/2}\,dt}{2\,t^{3/2}} = -\frac{1}{2}\int_{r_1}^{r_2}\frac{\mathrm{tg}\,t}{t}\,dt\,.$$

Für $t^2 < \dfrac{\pi^2}{4}$ wird die Lösung dieser Gleichung

$$\varphi_2 = -\frac{1}{2}\left[t + \frac{t^3}{9} + \frac{2}{75}t^5 + \frac{17}{2205}t^7 + \cdots\right]_{r_1}^{r_2}$$

$$\varphi_2 = -\frac{1}{2}\left[\frac{a}{r^2} + \frac{a^3}{9\,r^6} + \frac{2\,a^5}{75\,r^{10}} + \frac{17\,a^7}{2205\,r^{14}} + \cdots\right]_{r_1}^{r_2}$$

$$\varphi_2 = -\frac{a}{2}\left[\left(\frac{1}{r_2^2} - \frac{1}{r_1^2}\right) + \frac{a^2}{9}\left(\frac{1}{r_2^6} - \frac{1}{r_1^6}\right) + \frac{2\,a^4}{75}\left(\frac{1}{r_2^{10}} - \frac{1}{r_1^{10}}\right) + \frac{17\,a^6}{2205}\left(\frac{1}{r_2^{14}} - \frac{1}{r_1^{14}}\right) + \cdots\right].$$

Daraus ergibt sich der Drehwinkel

$$(42) \qquad \boxed{\varphi_2 = \frac{M_d}{4\pi l G}\left[\left(\frac{1}{r_1^2} - \frac{1}{r_2^2}\right) + \frac{1}{9}\left(\frac{M_d}{2\pi\, G}\right)^2\left(\frac{1}{r_1^6} - \frac{1}{r_2^6}\right) + \cdots\right]\,.}$$

Die in Gl. (42) gefundene Lösung beruht auf der Annahme, daß

$a^2/r^4 < \pi^2/4$, d. h. $a/r^2 < \dfrac{\pi}{2}$ und daß $M_d/2\pi r^2 l G < \dfrac{\pi}{2}$ oder $\gamma < \dfrac{\pi}{2}$ ist.

Da dies gewöhnlich der Fall ist, gilt die gegebene Lösung.

3.42. Hülsenfeder mit gleicher Schubnennspannung (Abb. 48). a) Bei kleinen Drehwinkeln. Die bei Drehung auftretende Schubspannung beträgt

(43)
$$\tau = \frac{M_d}{r \cdot F} = \frac{M_d}{2\,\pi\,r \cdot 2\,l\,r} = \text{const} = \frac{M_d}{4\,\pi\,r^2\,l}\,.$$

Daraus folgt $r^2 \cdot l = \dfrac{M_d}{4\,\pi\,\tau} = \text{const.}$

Dies ist die Gleichung der Hyperbel 3. Ordnung.

Die Spannung ist überall gleich, also

$$\tau = \frac{M_d}{4\,\pi\,r^2 l} = \frac{M_d}{4\,\pi\,r_1^2\,l_1} = \frac{M_d}{4\,\pi\,r_2^2\,l_2}\,.$$

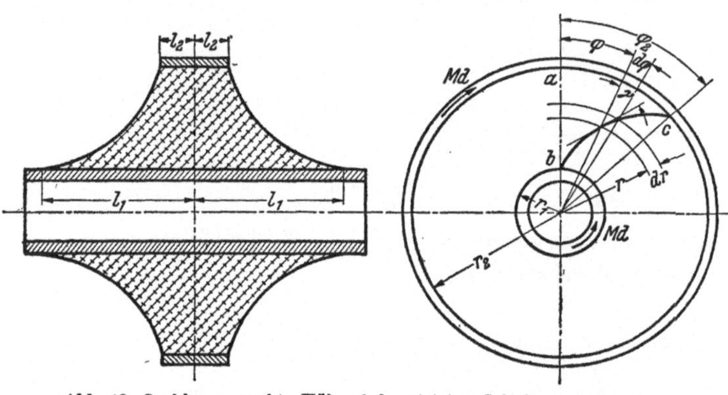

Abb. 48. Drehbeanspruchte Hülsenfeder gleicher Schubnennspannung.

Bei kleinen Drehwinkeln ist

(44)
$$\frac{r \cdot d\varphi}{dr} = \gamma$$

$$= \frac{\tau}{G}$$

$$d\varphi = \frac{\gamma}{r} \cdot dr$$

$$\int d\varphi = \int \frac{\gamma}{r} \cdot dr$$

$$\varphi_2 = \gamma \cdot \ln \frac{r_2}{r_1}\,.$$

Der Drehwinkel im Bogenmaß

(45)
$$\varphi_2 \atop \text{Bogen} = \frac{M_d}{4\,\pi\,r_2^2\,l_2\,G} \ln \frac{r_2}{r_1}\,.$$

Im Winkelmaß wird

(46)
$$\varphi_2 \atop \text{Grad} = \frac{57{,}3 \cdot M_d}{4\,\pi\,r_2^2\,l_2\,G} \cdot \ln \frac{r_2}{r_1}\,.$$

Setzt man an Stelle des natürlichen Logarithmus den Briggschen Logarithmus, so lauten die entsprechenden Formeln:

(47)
$$\varphi_2 \atop \text{Bogen} = \frac{2{,}3026 \cdot M_d}{4\,\pi\,r_2^2\,l_2\,G} \log \frac{r_2}{r_1} = \frac{0{,}1833\,M_d}{r_2^2\,l_2\,G} \log \frac{r_2}{r_1}$$

und

(48)
$$\varphi_2 \atop \text{Grad} = \frac{57{,}3 \cdot 0{,}1833\,M_d}{r_2^2\,l_2\,G} \log \frac{r_2}{r_1} = \frac{10{,}5 \cdot M_d}{r_2^2\,l_2\,G} \log \frac{r_2}{r_1}\,.$$

b) Bei großen Drehwinkeln. Es ist angenähert

(49)
$$\frac{r \cdot d\varphi}{dr} = \operatorname{tg} \gamma\,.$$

Da $\gamma = \dfrac{\tau}{G}$ konstant ist, ist auch $\operatorname{tg}\gamma = \text{const.}$

$$d\varphi = \frac{\operatorname{tg}\gamma}{r} \cdot dr$$

$$\int_0^{\varphi_2} d\varphi = \int_{r_1}^{r_2} \frac{\operatorname{tg}\gamma}{r} \cdot dr$$

$$\varphi_2 = \operatorname{tg}\gamma \left(\ln \frac{r_2}{r_1}\right) = \operatorname{tg}\frac{\tau}{G}\ln\frac{r_2}{r_1}.$$

Im Bogenmaß ist

(50)
$$\boxed{\underset{\text{Bogen}}{\varphi_2} = \ln\frac{r_2}{r_1}\cdot \operatorname{tg}\frac{M_d}{4\,\pi\,r_2^2\,l_2\,G}.}$$

(51)
$$\boxed{\underset{\text{Grad}}{\varphi_2} = 57{,}3\ln\frac{r_2}{r_1}\operatorname{tg}\frac{M_d}{4\,\pi\,r_2^2\,l_2\,G}.}$$

3.5. Berechnung von verdrehbeanspruchten Scheibenfedern (Abb. 49).

3.51. Einfache Scheibenfeder. a) Bei kleinen Verdrehwinkeln. Die verdrehbeanspruchte Scheibenfeder nach Abb. 49 hat über ihre Länge s unveränderlichen Querschnitt. Die eine Scheibe ist fest eingespannt, auf die andere wird ein reines Drehmoment M_d ausgeübt. Unter seinem Einfluß entsteht eine Verdrehung (Torsion oder Verdrehschub) mit dem Drehwinkel φ. Nennt man den Gleitwinkel γ, dann ist nach Abb. 47

(52)
$$\gamma\cdot s \sim \varphi\cdot r.$$

Ferner ist die Drehspannung $\tau = \gamma\cdot G$. Sie ist dem Abstand r von der Mitte des kreisförmigen Gummiquerschnittes verhältnisgleich und hat in allen Punkten des Umfangs eines um

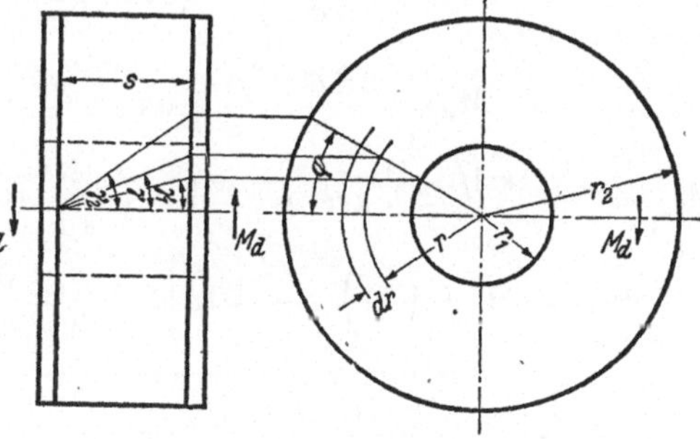

Abb. 49. Verdrehbeanspruchte Scheibenfeder.

den Mittelpunkt mit dem Halbmesser r beschriebenen Kreises denselben Wert. Das am Radius r des Ringes angreifende Drehmoment ist

(53)
$$dM = 2\,\pi\tau r^2 dr = 2\,\pi r^2\gamma\cdot G dr.$$

Die Integration dieser Gleichung in den Grenzen $r = r_1$ und $r = r_2$ ergibt das gesamte im Querschnitt übertragene Moment M, das dem äußeren Moment M_d gleich ist. Es ist also:

$$M = M_d = 2\,\pi G\int_{r_1}^{r_2} r^2\gamma\,dr = \frac{2\,\pi G\varphi}{s}\int_{r_1}^{r_2} r^3\,dr$$

$$M_d = \frac{2\,\pi G\varphi}{4\,s}(r_2^4 - r_1^4)$$

(54)   Für φ im Bogenmaß ist

$$M_d = 1{,}5708\, G \cdot \varphi\, \frac{r_2^4 - r_1^4}{s}.$$

(55)   Für φ im Gradmaß ist

$$M_d = 0{,}0274\, G\, \varphi\, \frac{r_2^4 - r_1^4}{s}.$$

b) Bei großen Verdrehwinkeln. In diesem Fall ist γs nicht mehr angenähert gleich φr, sondern

$$(56) \qquad \operatorname{tg} \gamma = \frac{r\,\varphi}{s}.$$

Setzt man in die frühere Gleichung $M_d = 2\,\pi\, G \displaystyle\int_{r_1}^{r_2} r^2\, \gamma\, dr$

$\operatorname{tg} \gamma$ anstatt γ, dann ist

$$(57) \qquad M_d = 2\,\pi\, G \int_{r_1}^{r_2} r^2 \operatorname{arc\,tg} \frac{r\,\varphi}{s}\, dr.$$

Setzt man $\dfrac{r\,\varphi}{s} = p$, dann wird $dr = \dfrac{1}{\varphi}\, dp$ und $r^2 = s^2 p^2 / \varphi^2$ und

$$M_d = \frac{2\,\pi\, G\, s^3}{\varphi^3} \int_{r_1}^{r_2} p^2 \operatorname{arc\,tg} p\, dp$$

$$M_d = \frac{2\,\pi\, G\, s^3}{\varphi^3} \left[\frac{p^3}{3} \operatorname{arc\,tg} p - \frac{p^2}{6} + \frac{1}{6} \ln(1 + p^2) \right]_{r_1}^{r_2}$$

$$M_d = \frac{2\,\pi\, G\, s^3}{3\,\varphi^3} \left\{ \left(\frac{r_2\varphi}{s}\right)^3 \operatorname{arc\,tg}\left(\frac{r_2\varphi}{s}\right) - \left(\frac{r_1\varphi}{s}\right)^3 \operatorname{arc\,tg}\left(\frac{r_1\varphi}{s}\right) - \frac{1}{2}\left[\left(\frac{r_2\varphi}{s}\right)^2 - \left(\frac{r_1\varphi}{s}\right)^2 \right] \right.$$

$$\left. + \frac{1}{2} \ln\left[1 + \left(\frac{r_2\varphi}{s}\right)^2 \right] - \frac{1}{2} \ln\left[1 + \left(\frac{r_1\varphi}{s}\right)^2 \right] \right\}$$

$$M_d = \frac{2\,\pi\, G}{3} \left[r_2^3 \operatorname{arc\,tg}\left(\frac{r_2\varphi}{s}\right) - r_1^3 \operatorname{arc\,tg}\left(\frac{r_1\varphi}{s}\right) \right] - \frac{\pi G s}{3\,\varphi}\left[r_2^2 - r_1^2 \right]$$

$$(58) \qquad + \frac{\pi G s^3}{3\,\varphi^3} \ln\left[\frac{1 + \left(\frac{r_2\varphi}{s}\right)^2}{1 + \left(\frac{r_1\varphi}{s}\right)^2} \right]$$

In Abb. 50a und 50b sind für zwei verschiedene Scheibenfedergrößen die aus den Gl. (55) und (58) errechneten und die versuchsmäßig ermittelten Kennlinien gezeigt. Man sieht, daß sie recht gut übereinstimmen. Dasselbe ist auch bei anderen Federgrößen der Fall.

c) **Näherungslösung bei dünner Gummischicht** ($r_2 - r_1$ ist klein, Abb. 49). Bei dünner Gummischicht, d. h. wenn $r_2 - r_1$ im Verhältnis zu r_1 klein ist, läßt sich eine recht brauchbare Formel bestimmen. Es sei $\dfrac{r_1 + r_2}{2} = R, r_2 - r_1 = t$, ϑ der Winkel am Radius R und τ die mittlere Beanspruchung im Gummi. Dann ist

$$(59) \qquad M_d = 2\,\pi R^2 t\tau \quad \text{und} \quad \tau = G\gamma ,$$

daraus folgt $M_d = 2\,\pi G\gamma \dfrac{(r_1 + r_2)^2}{4}\,(r_2 - r_1)$

$$(60) \qquad \boxed{\; M_d = \frac{\pi G\gamma}{2}\,(r_1 + r_2)^2\,(r_2 - r_1)\; .}$$

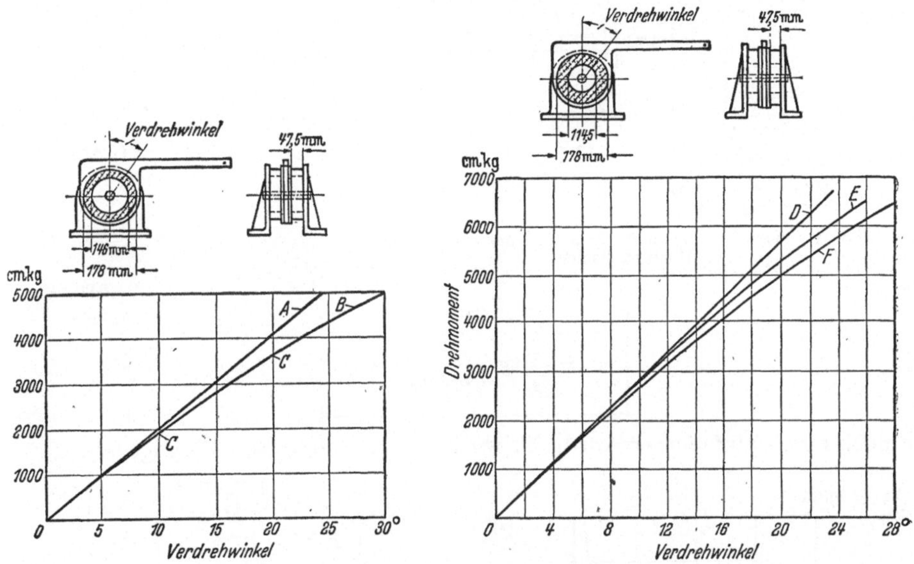

Abb. 50. Belastungsschaubilder für zwei Größen kreisringförmiger, verdrehbeanspruchter Scheibenfedern nach Abb. 49 [nach D. SMITH (36)].
Feder a: Scherfläche = 2 × Querschnittsfläche = 162 cm². DVM-Weichheitszahl = 83.
Feder b: Scherfläche = 292 cm². DVM-Weichheitszahl = 83.
Kurve A u. D = Berechnet nach Formel für kleine Verdrehwinkel. Kurve B u. F = Durch Versuch ermittelte Kurve.
Kurve C u. E = Berechnet nach Formel für große Verdrehwinkel.

Bedeutet f die Verschiebung, so ist $\operatorname{tg}\gamma = \dfrac{f}{s}$ und $\dfrac{f}{R} = \varphi$. Daraus folgt

$$(61) \qquad \varphi = \frac{s\,\operatorname{tg}\gamma}{R}$$

wobei γ aus Gl. (60) bestimmt wird.

3.52. Scheibenfeder mit konischen Bindungsflächen (Abb. 51). Ist τ die Schubspannung im Gummi am Radius r und τ_1 die Schubspannung an der Bindungsfläche, so besteht die Beziehung

$$(62) \qquad \tau_1 = \tau \cos \alpha .$$

$$(63) \qquad \tau_1 = \tau \frac{r_2}{\left[r_2^2 + \left(\dfrac{s_2}{2}\right)^2\right]^{1/2}} .$$

Wenn γ der Winkel ist, der den Grad der Verdrehung der Faser A—B angibt, so ist $\tau = G\gamma$ und $\operatorname{tg}\gamma = \dfrac{r\varphi}{s}$.

Es ist aber $\dfrac{s}{r} = \dfrac{s_1}{r_1} = \dfrac{s_2}{r_2} = \text{const.}$ Deshalb sind für einen gegebenen Winkel φ auch γ und τ konstant. Nun ist aber

$$dM_d = 2\pi r^2 dr\tau$$

also

$$(64)\qquad M_d = 2\pi\tau \int_{r_1}^{r_2} r^2\, dr$$

$$= \frac{2\pi\tau}{3}(r_2^3 - r_1^3)$$

da

$$\tau = G\gamma = G\,\text{arc tg}\,\frac{r_2\varphi}{s_2}$$

wird

$$(65)\qquad M_d = \frac{2}{3}\pi G\,(r_2^3 - r_1^3)\,\text{arc tg}\,\frac{r_2\varphi}{s_2}$$

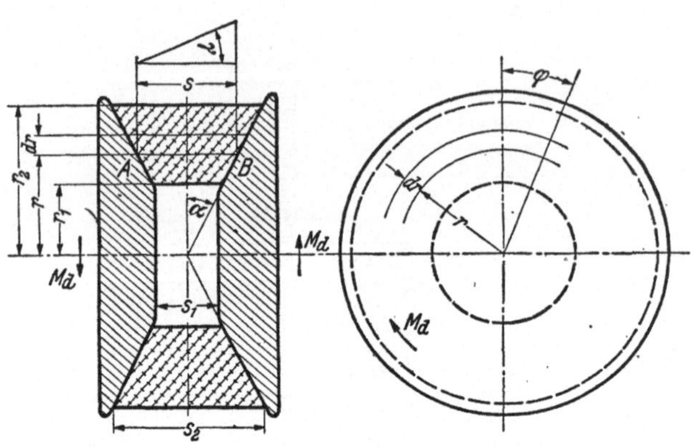

Abb. 51. Verdrehbeanspruchte Scheibenfeder mit konischen Bindungsflächen.

oder

$$(66)\qquad \varphi = \frac{s_2}{r_2}\,\text{tg}\,\frac{3\,M_d}{2\,\pi G\,(r_2^3 - r_1^3)}.$$

Ein noch etwas einfacherer Ausdruck wird von HAUSHALTER (37) angegeben:

$$(67)\qquad \varphi = \frac{2\,M_d\,s}{G\,(r_2^4 - r_1^4)}$$

s ist hierbei die mittlere Schichtstärke des Gummis.

3.6. Berechnung von druckbeanspruchten Federn.

Druckbeanspruchte Gummifedern oder Gummipuffer besitzen Federkennlinien in der Art, wie sie in Abb. 52 dargestellt ist. Bis zu einer Zusammendrückung f von ungefähr 20% der ursprünglichen Höhe ist sie angenähert eine gerade Linie, für die das Hookesche Gesetz anwendbar ist. Man kann schreiben

$$\sigma = \varepsilon E = \frac{f}{h}\,E.$$

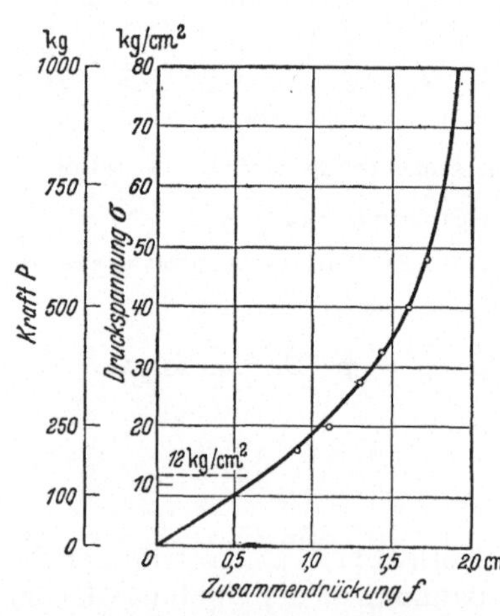

Abb. 52. Belastungskurve einer druckbeanspruchten zylindrischen Gummifeder (nach THUM und OESER) (19). $d = 4{,}0$ cm, $h = 3{,}2$ cm, Qual. = Vollreifen F.

Außerdem ist

$$\sigma = \frac{P}{F}.$$

Daraus folgt

(68)
$$P = \frac{f\,F\,E}{h}\,.$$

Für zylindrische Gummifedern, wie sie meistens verwendet werden (Abb. 53), lautet die Federgleichung

(69)
$$P = \frac{d^2\,\pi\,f\,E}{4\,h}$$

Darin bedeuten d der ursprüngliche Durchmesser, h die ursprüngliche Höhe und E der Elastizitätsmodul (Abb. 53).

Die Gl. (68) und (69) können jedoch nicht ohne weiteres für alle Druckfedern angewandt werden, da der Elastizitätsmodul E von dem Verhältnis h/d, vom Grad der Zusammendrückung und von der Gummisorte abhängig ist. Außerdem spielt die Beschaffenheit der Druckflächen der Feder, sowie die der Auflageflächen eine große Rolle.

BIRKITT und DRAKELEY (*38*) haben den Einfluß verschiedener Schmiermittel (franz. Kalk, Grafit, Wasser, Seifenlösung, Glyzerin, Schmieröl, Vaseline)

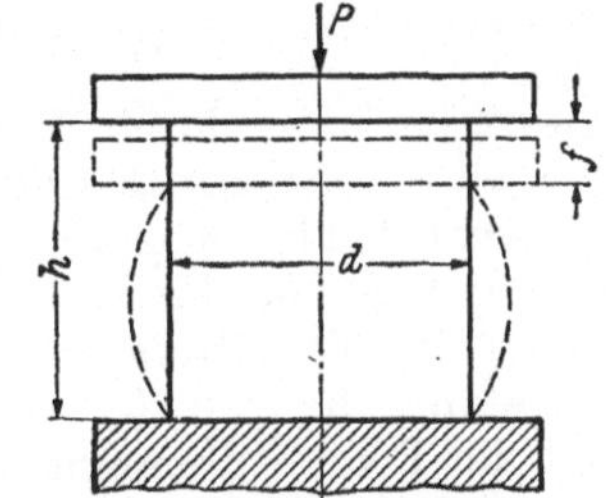
Abb. 53. Zylindrische Gummifeder unter Druckbelastung.

auf das Belastungs-Verformungsverhalten von Gummischeiben verschiedener Abmessungen und verschiedener Sorten untersucht. Als wichtigstes Ergebnis stellten sie fest, daß die Lage der Federkennlinie einer druckbeanspruchten Gummifeder wesentlich vom Schmierstoff, also vom Reibungswiderstand des Gummis an den Auflageflächen abhängt (Vaseline ergab den geringsten Widerstand), daß aber bis zu einer Zusammendrückung von etwa 20% die Kennlinien trotz Anwendung der verschiedenen Schmiermittel praktisch zusammenfallen und annähernd eine gerade Linie bilden. Ermittelt man daraus den Elastizitätsmodul E, so ergibt sich ein Wert, der dreimal so groß ist wie der Schubmodul G der verwendeten Gummisorte und also damit genau so groß ist, wie der beim Zugversuch ermittelte Elastizitätsmodul. Bei diesen Versuchen waren sowohl die Gummioberflächen als auch die Auflageflächen geschmiert.

Derartige Bedingungen kommen in der Praxis nun nicht vor, und es taucht die Frage auf, welcher E-Wert einzusetzen ist, wenn keine geschmierten Flächen vorliegen. HAUSHALTER (*5*) gibt für diesen Fall an, daß bei allen auf Druck beanspruchten Gummiplatten, Gummischeiben oder Gummizylindern, ob sie auf Metall vulkanisiert sind oder nicht, der Elastizitätsmodul 6,5 mal so groß ist wie der Schubmodul, wenn das Verhältnis von Höhe zu effektiver Breite gleich 1 oder etwa gleich 1 ist.

Unter der effektiven Breite versteht man dabei die Breite des größten Querschnitts des Druckgummielements, gemessen senkrecht zur Belastungsachse. Für einen Würfel von 25 mm Kantenlänge beträgt die effektive Breite 25 mm; für einen Quader von 75 mal 25 mm Kantenlänge, der in der Richtung der längeren Kante belastet wird, ist der Wert der effektiven Breite ebenfalls 25 mm. Für eine durchbohrte Gummiplatte ist die Summe der Abstände zwischen den Löchern die effektive Breite. Für einen Hohlzylinder sind die längs eines Durchmessers gemessenen Wandstärken die effektive Breite und für einen vollen Zylinder ist es der Durchmesser selbst.

Der E-Modul in der Größe 6,5mal G-Modul gilt recht gut für eine große Anzahl
verschieden großer und beliebig geformter Bauteile, wie auch aus Versuchen an
radialbeanspruchten Hül-
senfedern hervorgeht (Ab-
schnitt 3.8).

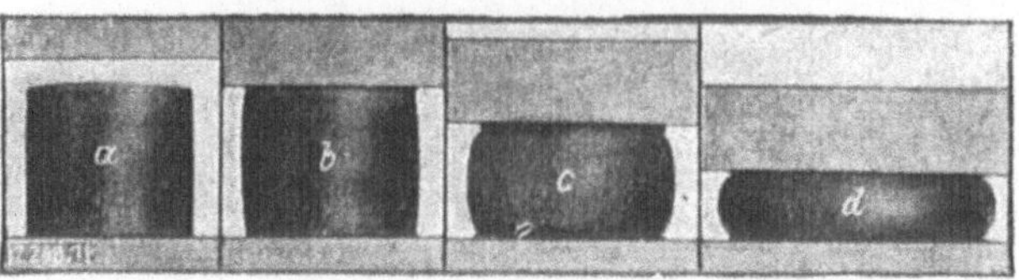

Abb. 54. Verformung von Druckgummifedern bei verschiedenen
Belastungen (nach THUM und OESER) (19).

ᵃ) $\sigma = 0$ kg/cm²   b) $\sigma = 6$ kg/cm²   c) $\sigma = 15$ kg/cm²   d) $\sigma = 80$ kg/cm²

Für Druckfedern mit
einem anderen Verhältnis
von Höhe zu effektiver
Breite als 1 sind noch
keine genauen Berech-
nungsunterlagen bekannt.
Die Beziehung zwischen
diesem Verhältnis und dem

E-Modul muß also durch Versuche bestimmt werden. In den meisten praktischen
Fällen wird allerdings das Verhältnis von Höhe zu effektiver Breite nicht allzuweit
vom Wert 1 abweichen. Bei zylindrischen Druck-Gummifedern, die zur Ab-
federung von Maschinen benutzt werden, hat es sich als zweckmäßig heraus-
gestellt, das Verhältnis h/d in den Grenzen 0,5 bis 1,5 zu wählen je nach der
Kippgefahr, die von der Höhe des Schwerpunktes der Maschine und vom Abstand der Federn abhängig ist.

Druck-Gummifedern nehmen unter Belastung eine faßförmige Gestalt an.
Beispiele dafür zeigt Abb. 54.

3.7 Berechnung von zugbeanspruchten Federn.

Nach MORRISON (*39*) sind bei zugbeanspruchten Gummifedern (Gummibändern)
bis zu einer Verlängerung von 40% die Spannungen den Dehnungen fast proportional.
Das Zug-Dehnungsdiagramm ist also innerhalb dieses Bereichs eine gerade Linie,
für die das Hookesche Gesetz $\sigma = \varepsilon E$ gilt. Daraus ergibt sich die Gleichung der
Federkennlinie zu

(70)
$$P = \frac{fFE}{l}$$

wobei f die Verlängerung in cm, F der ursprüngliche Querschnitt in cm² und l
die ursprüngliche, ungespannte Länge in cm bedeuten. Der Elastizitätsmodul E
in kg/cm² ist für die vorgegebene Gummisorte nach Gl. (7), Abschnitt 3.13 zu
ermitteln, wobei l genügend groß sein muß. Er ist dreimal so groß wie der Schubmodul der jeweils gewählten Qualität. Handelt es sich um Gummifedern mit
kleiner Länge (zu diesen gehören z. B. schon zylindrische Gummikörper mit einem
Verhältnis $h/d = 1,5$), so ist der E-Modul nicht mehr form- und belastungsunab-
hängig. Die Federkennlinie muß dann versuchsmäßig aufgenommen werden. Rein
auf Zug beanspruchte Gummifedern werden in technischen Konstruktionen nur
wenig verwendet. Es wird auch heute noch davon abgeraten, Gummi-Metallver-
bindungen auf reinen Zug zu beanspruchen. Der Grund liegt in der geringen Belast-
barkeit bei dieser Beanspruchungsart, insbesondere im Hinblick auf die Binde-
schicht. Sicher und ohne Bedenken kann Gummi nur bis zu Spannungen von
2—3 kg/cm² auf Zug beansprucht werden. Innerhalb dieser Beanspruchungsgrenzen
ergibt sich allerdings, besonders für Federn mit hohem Gummigehalt, mit großer
Annäherung eine gerade Spannungs-Dehnungslinie.

3.8. Berechnung von radialbeanspruchten Hülsenfedern.

Zur Ableitung der Federgleichung dient Abb. 55. Die Lagenveränderung eines Punktes der Gummischicht unter der Einwirkung der Kraft P ist durch eine Dehnung und eine Verdrehung gekennzeichnet. Nach dem Hookeschen Gesetz ist

(71)
$$\left\{ \begin{aligned} \varepsilon &= \frac{\sigma}{E} \\ \text{und}\quad \gamma &= \frac{\tau}{G}. \end{aligned} \right.$$

Für einen Körper mit veränderlichem Querschnitt ist die Verlängerung bzw. die Verdrehung

(72)
$$\left\{ \begin{aligned} \Delta l &= \int \varepsilon\, dl \\ \text{und}\quad \Delta l_{\text{Schiebung}} &= \int \gamma\, dr. \end{aligned} \right.$$

Nach Abb. 55 wird

(73)
$$\left\{ \begin{aligned} \sigma &= \frac{dP_d}{d\alpha} \cdot \frac{1}{rh} \\ \text{und}\quad \tau &= \frac{dP_s}{d\alpha} \cdot \frac{1}{rh}. \end{aligned} \right.$$

Durch Einsetzen der Gl. (71) und (73) in Gl. (72) ergibt sich

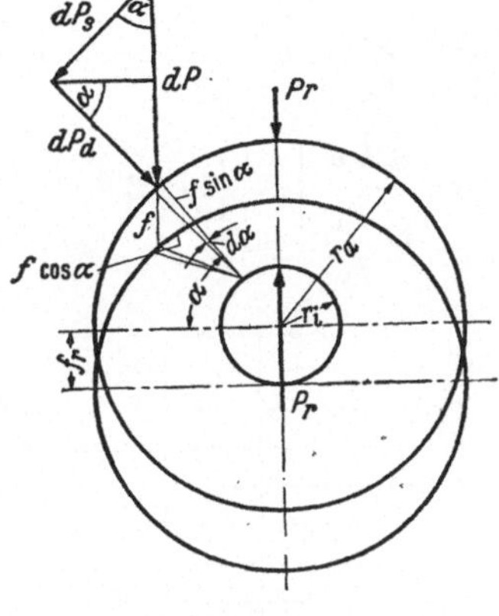

Abb. 55. Radialbeanspruchte Hülsenfeder.

$$f \sin \alpha = \int_{r_i}^{r_a} dr \, \frac{dP_d}{d\alpha} \cdot \frac{1}{r\,h\,E}$$

und

$$f \cos \alpha = \int_{r_i}^{r_a} dr \, \frac{dP_s}{d\alpha} \cdot \frac{1}{rhG}.$$

Durch Integration nach dr erhält man

$$f \sin \alpha = \frac{dP_d}{d\alpha} \cdot \frac{1}{hE} \ln \frac{r_a}{r_i}$$

und

$$f \cos \alpha = \frac{dP_s}{d\alpha} \cdot \frac{1}{hG} \ln \frac{r_a}{r_i}.$$

Hierbei ist die Veränderung des Winkels α durch die Auslenkung nicht berücksichtigt.

Ferner ist nach Abb. 55

(74)
$$dP = dP_d \sin \alpha + dP_s \cos \alpha,$$

dP ist diejenige Kraft, die notwendig ist, um ein sektorförmiges Differentialelement gemäß Abb. 55 zu verformen.

$$dP = \frac{f \sin^2 \alpha \cdot d\alpha \cdot hE}{\ln \frac{r_a}{r_i}} + \frac{f \cos^2 \alpha \cdot d\alpha \cdot hG}{\ln \frac{r_a}{r_i}}.$$

Bezeichnet man mit P_r die Gesamtradialkraft und mit f_r die Gesamtradialverschiebung, so ergibt die Integration nach $d\alpha$:

$$P_r = \frac{f_r h E}{\ln \dfrac{r_a}{r_i}} \int\limits_{\alpha=-30°}^{\alpha=+210°} \sin^2 \alpha\, d\alpha + \frac{f_r h G}{\ln \dfrac{r_a}{r_i}} \int\limits_{\alpha=-30°}^{\alpha=+210°} \cos^2 \alpha\, d\alpha$$

$\alpha = -30°$ und $\alpha = +210°$ sind die Grenzen für Federn mit dreiteiliger Außenhülse. Damit wird

$$P_r = \frac{f_r h E}{\ln \dfrac{r_a}{r_i}} \left[-\frac{1}{4}\sin 2\alpha + \frac{1}{2}\alpha \right]_{\alpha=-30°}^{\alpha=+210°} + \frac{f_r h G}{\ln \dfrac{r_a}{r_i}} \left[+\frac{1}{4}\sin 2\alpha + \frac{1}{2}\alpha \right]_{\alpha=-30}^{\alpha=+210°}$$

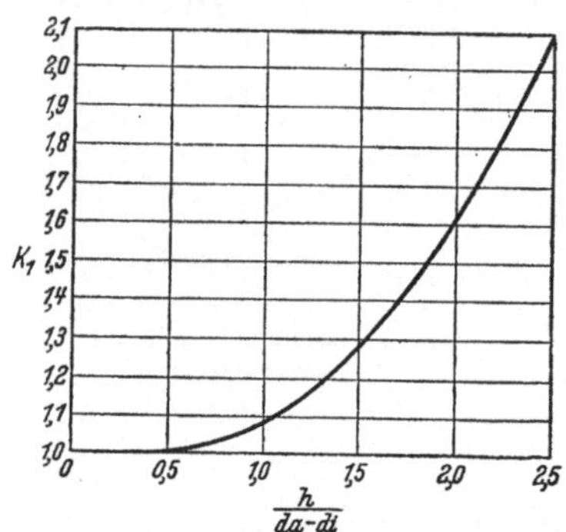

Abb. 56. Korrekturfaktor k_1 in Abhängigkeit vom Verhältnis $\dfrac{h}{d_a - d_i}$

Daraus ergibt sich

$$(75) \qquad P_r = \frac{f_r h}{\ln \dfrac{d_a}{d_i}} (1{,}66\, E + 2{,}53\, G)\,.$$

Gl. (75) stellt die Federgleichung einer radial beanspruchten, dreiteiligen Hülsenfeder dar.

Integriert man in den Grenzen $\alpha = 0$ bis $\alpha = 2\pi$, so erhält man die Federgleichung für Federn mit ungeteilter Außenhülse zu

$$(76) \qquad P_r = \frac{f_r \pi h}{\ln \dfrac{d_a}{d_i}} (E + G)\,.$$

Diese Formeln berücksichtigen nur den Verformungs- und Spannungszustand in einer zur Längsachse der Feder senkrechten Ebene. Der durch die Querkontraktion (bei Gummi herrscht Volumengleichheit) bedingte Verformungs- und Spannungszustand im Längsschnitt der Feder läßt sich mathematisch nur sehr schwierig, vielleicht auch gar nicht erfassen. Er ist von dem Verhältnis der Federabmessungen und von der Verformung abhängig. Analog dem Vorgehen in Abschnitt 3.3 führt man zur Berücksichtigung dieser Einflüsse die Korrekturfaktoren k_1 und k_2 ein.

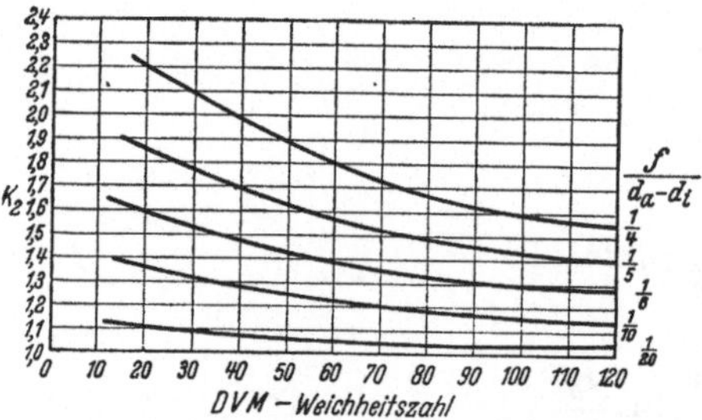

Abb. 57. Korrekturfaktor k_2 in Abhängigkeit vom Verhältnis $\dfrac{f}{d_a - d_i}$ und der DVM-Weichheitszahl. Gilt nur für Federn mit dreiteiliger Außenhülse.

Der Korrekturfaktor k_1 berücksichtigt die Abhängigkeit des E'- und G-Moduls von den Federabmessungen. Er ist in Abb. 56 über dem Verhältnis $\dfrac{h}{d_a - d_i}$ aufgetragen und ist für den technischen Weichheitsbereich gültig.

Der Korrekturfaktor k_2 berücksichtigt die Veränderung des E'- und G-Moduls mit der Radialverschiebung. Er hängt außer von dem Auslenkungsverhältnis $\dfrac{f}{d_a - d_i}$ noch von der Weichheit ab und kann aus Abb. 57 entnommen werden.

Damit und mit Rücksicht darauf, daß als E-Modul E' eingesetzt werden muß (s. Abschnitt 3.13), nehmen die Gl. (75) und (76) die endgültige Form an:

$$(77) \qquad P_r = f_r \frac{h}{\ln \dfrac{d_a}{d_i}} (1{,}66\,E' + 2{,}53\,G)\,k_1 k_2$$

für Hülsenfedern mit dreigeteilter Außenhülse und

$$(78) \qquad P_r = f_r \frac{h}{\ln \dfrac{d_a}{d_i}} (E' + G)\,k_1 k_2$$

für Federn mit ungeteilter Außenhülse.

Darin bedeuten:
- P_r = Radialbelastung in kg.
- f_r = Radialverschiebung in cm.
- $h,\ d_a,\ d_i$ = Abmessungen des Gummizylinders in cm nach Abb. 39.
- E' = Elastizitätsmodul in kg/cm² ⎫ der verwendeten Gummisorte
- G = Schubmodul in kg/cm² ⎭ nach Abb. 31 und 32.
- $k_1,\ k_2$ = Dimensionsfreie Korrekturfaktoren nach Abb. 56 und 57.

In der praktischen Anwendung der Federgleichungen (77) und (78) die für Hülsenfedern ohne allseitig radiale Vorspannung gelten, ergeben sich zwischen den errechneten und versuchsmäßig ermittelten Federwerten größere Streuungen als bei Anwendung der Formel für axialbeanspruchte Hülsenfedern. Sie werden mit zunehmender Radialverschiebung etwas größer, übersteigen bis 20% Auslenkung normalerweise jedoch nicht den Wert von 15%, bezogen auf den errechneten Federwert. Bei Verwendung der Gl. (78) für Hülsenfedern mit ungeteilter Außenhülse muß der Korrekturfaktor k_2 etwas niedriger gewählt werden, als er sich aus Abb. 57 ergibt, da k_2 nach Abb. 57 streng nur für Federn mit dreiteiliger Außenhülse gilt. Bei ungeteilter Außenhülse kann k_2 bis zu einer Zusammendrückung von ungefähr 20% bezogen auf die Gummischichtstärke $\left(\dfrac{d_a - d_i}{2}\right)$ etwa gleich 1 gesetzt werden. 20% entsprechen einem $\dfrac{f}{d_a - d_i}$ von $\dfrac{1}{10}$.

Mit den in den Abschnitten 3.3 und 3.8 angegebenen Berechnungsunterlagen lassen sich die Axial- und Radialfederkennlinien von Hülsenfedern im voraus angenähert bestimmen. Bei den für die federnde Flugmotorenlagerung verwendeten Hülsenfedern treten infolge der besonderen Anordnung der Federn am Tragring jedoch auch Beanspruchungen in anderen Richtungen auf. Durch geeignete Zusammensetzung der gefundenen Formeln kann man die Federkennlinien in diesen Belastungsrichtungen ebenfalls ermitteln.

Denkt man sich nach Abb. 58, die Hülsenfeder in zwei verschiedene, in axialer und radialer Richtung liegende Federn mit den Einheitskräften c_a und c_r zerlegt, so verschiebt sich der gemeinsame Verbindungspunkt A unter der Wirkung einer unter dem Winkel α angreifenden Kraft P um das Stück f und zwar in Richtung der Kraft P, wenn der

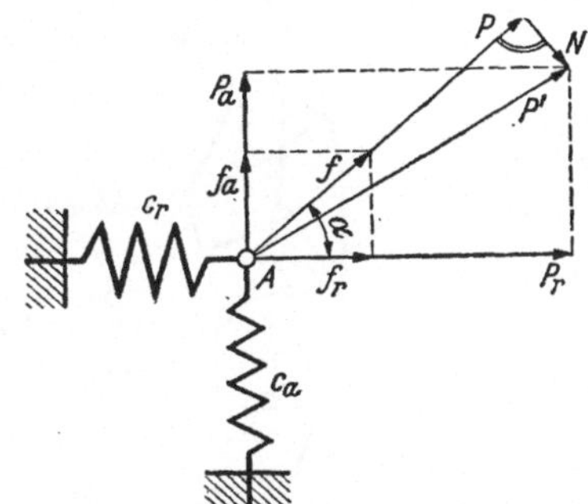

Abb. 58. Zerlegung der Kraft P in eine Axialkraft P_a und in eine Radialkraft P_r bei Führung der Hülsenfeder in Kraftrichtung.

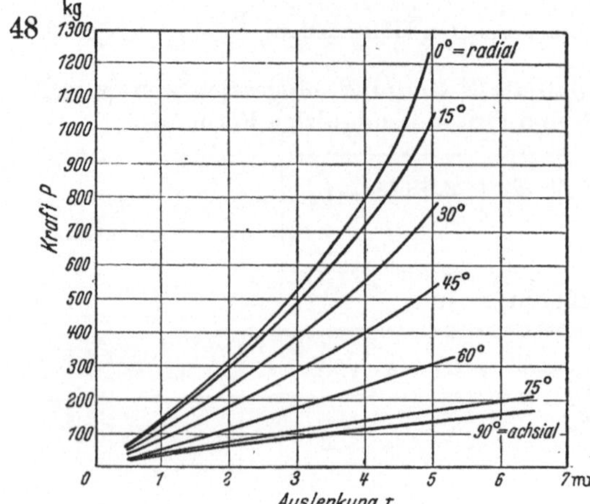

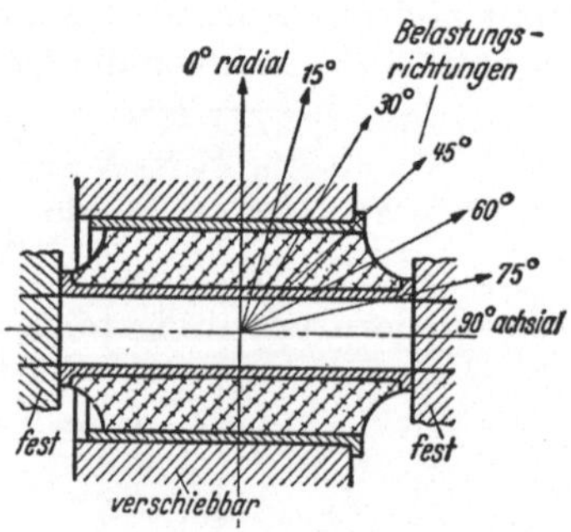

Abb. 59. Federkennlinien einer Hülsengummi-feder in verschiedenen Belastungsrichtungen.

Abb. 60. Linien gleicher Auslenkung f einer Hülsenfeder bei verschiedenen Belastungsrichtungen.

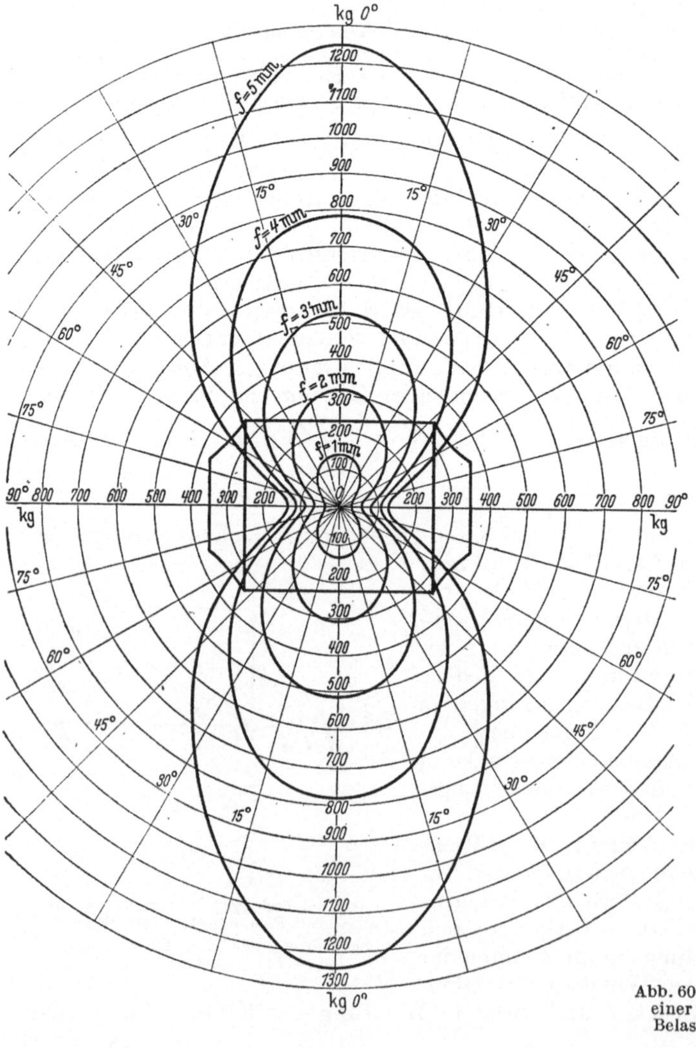

Punkt A geführt wird. Sind die Einheitskräfte c_a und c_r verschieden, was praktisch der Fall ist, so wirkt senkrecht zu P noch eine Kraft N sozusagen als Gleitbahndruck, die zusammen mit P als Resultierende P' ergibt. Die Komponenten von P' ergeben die Axialkraft P_a und die Radialkraft P_r.

Wie sich aus Abbildung. 58 ableiten läßt, erhält man die Beziehung:

$$(79) \quad P = f\,(c_r \cos^2 \alpha + c_a \sin^2 \alpha).$$

Darin ist α der Kraftangriffswinkel (= Winkel zwischen der Radialrichtung und der Kraftrichtung), c_r und c_a sind die radialen und axialen Einheitskräfte, die aus den Kennlinien zu entnehmen sind, die nach den früheren Beziehungen für P_r und P_a errechnet werden.

In Abb. 59 sind so errechnete Kennlinien einer Hülsenfeder in verschiedenen Belastungsrichtungen dargestellt. Es sind verschieden steil verlaufende Kurven. Diese lassen sich übersichtlich in einem Polardiagramm zusammenstellen, wie es Abb. 60 zeigt. Man erhält dadurch Linien gleicher Auslenkung und kann für jede Belastungsrichtung diejenige Kraft abgreifen, die für eine bestimmte Auslenkung nötig ist. Auch das Verhältnis von radialer zu axialer Kraft kann daraus entnommen werden.

Gl. (79) liegt die Annahme zugrunde, daß die Feder in der Kraftangriffsrichtung geführt wird, wie es tatsächlich bei der federnden Motorlagerung auch der Fall ist Denn die Normalkräfte N der auf dem Umfang des Tragrings verteilten Hülsenfedern heben sich gegenseitig auf.

Wird die Feder nicht geführt, so fallen, da c_a und c_r nicht gleich groß sind, Kraftrichtung und Auslenkungsrichtung nicht zusammen. Für diesen Fall lautet die entsprechende Gleichung

$$(80) \qquad P = \frac{f}{\dfrac{\cos^2 \alpha}{c_r} + \dfrac{\sin^2 \alpha}{c_a}}$$

4. Verhalten bei wechselnder Beanspruchung.

4.1. Dynamische Einheitskraft.

Die im vorhergehenden Abschnitt angegebenen Ableitungen bezogen sich auf das Verhalten von Gummifedern bei zügiger (statischer) Beanspruchung. In den meisten Fällen überlagert sich dieser zügigen Beanspruchung jedoch noch eine wechselnde (dynamische). Für diese gelten die angegebenen Formeln nicht, da erfahrungsgemäß die dynamische Einheitskraft c_{dyn} größer ist als die zügige $c_{\mathrm{züg}}$. Diese oft außer acht gelassene Erscheinung ist von großer Bedeutung. Nach Untersuchungen von KOSTEN (11) liegt das Verhältnis c_{dyn} zu $c_{\mathrm{züg}}$ in der Regel zwischen 1 und 2. In der übrigen Literatur werden für dieses Verhältnis auch Werte zwischen 2 und 10 als möglich angegeben (32). Als Ursache für dieses Verhalten kommt in erster Linie die Dämpfung in Betracht, die es bewirkt, daß bei schwingender Beanspruchung des Gummis zur Erzielung desselben Ausschlags wie bei zügiger Beanspruchung eine größere Kraft aufgebracht werden muß. Die Größe der Dämpfung hängt stark von der Gummisorte (Mischung), von der Vulkanisation und von den Abmessungen der Feder ab. Es ist daher schwierig, Berechnungsunterlagen zur Bestimmung der dynamischen Einheitskraft aufzustellen. Dasselbe gilt für die Ermittlung von allgemein gültigen Werten für den dynamischen G-Modul G_{dyn} und für den dynamischen E-Modul E_{dyn}.

Eine Gleichung zur Bestimmung der dynamischen Einheitskraft von Gummifedern wird von THUM und OESER angegeben. Sie gilt für wechselnd auf Druck beanspruchte zylindrische Gummifedern und lautet:

$$(81) \qquad c_{\mathrm{dyn}} = 0{,}0994\, H \left\{ \frac{0{,}9}{\left(\dfrac{h}{d}\right)^{0,3}} + \frac{15}{e^{5(h/d)}} \right\} \left\{ 4{,}48 \sqrt{\frac{V}{1000} + 3{,}54} - 7{,}55 \right\} \sigma + \frac{2485\, d}{H \left(\dfrac{h}{d}\right)^{1,1}}$$

Darin bedeuten:

$H = DVM$-Weichheitszahl. $V = $ Gummivolumen in cm³.

$d = $ Federdurchmesser in cm. $\sigma = $ Druckspannung in kg/cm².

$h = $ Federhöhe in cm.

Es handelt sich um eine empirisch gefundene Formel [Ableitung vgl. *(19)*], die allerdings auf nicht rein dynamischem Wege entstanden ist. Trotzdem liefert sie recht gute Ergebnisse, wenn die für ihre Gültigkeit angegebenen Grenzen berücksichtigt werden.

$$40 \leq H \leq 70;\quad 0{,}5 \leq h/d \leq 1{,}5;\quad 0 \leq \sigma \leq 12\ \text{kg/cm}^2 .$$

Entsprechende Formeln für andere Federformen und Beanspruchungsarten sind z. Zt. noch nicht bekannt. Zur genauen Bestimmung der Federeigenschaften dieser Gummifedern bei wechselnder Beanspruchung müssen daher Schwingungsversuche durchgeführt werden.

4.2. Schwingungsprüfeinrichtungen.

Eine Einrichtung zur Schwingungsprüfung von Gummifedern zeigt Abb. 61. Es ist ein fliehkrafterregter, horizontal arbeitender Schwinger, der durch einen

Abb. 61. Schwingungsprüfeinrichtung für Gummifedern (nach ROELIG) (42).

Motor über eine elastische Welle angetrieben wird. Die exzentrische Unwuchtmasse ist in einem Gehäuse gelagert, das durch senkrecht stehende Lenkerfedern getragen wird. Das Gehäuse stützt sich gegen die zu untersuchende Probe ab und überträgt die Wechsellast auf die Gummifeder. Eine Stahlfeder ermöglicht statische Vorspannungen, so daß außer reinen Wechsellasten auch Schwellasten aufgebracht werden können. Der Schwingungsausschlag wird durch einen Wegspiegel, die aus-

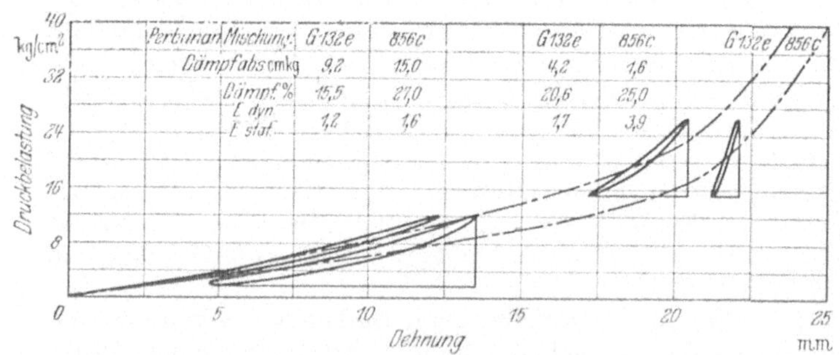

Abb. 62. Belastungskurven bei wechselnder Beanspruchung (nach ROELIG) (42).

geübte Kraft durch einen Kraftspiegel gemessen, der in einem rohrförmigen Dynamometer untergebracht ist. Ein durch beide Spiegel abgelenkter Lichtstrahl, der aus dem Lichtkegel einer Bogenlampe ausgeblendet wird, beschreibt die Kraft-Weg-Kurve, die als dynamische Hysteresisschleife erscheint. Aus dieser lassen sich die dynamische Einheitskraft, die Dämpfung, das Fließen während des Dauerversuchs und die Dauerhaltbarkeit von Gummifedern bestimmen (42).

Aus Abb. 62 sind einige auf diesem Wege gewonnene Belastungskurven (Hyseresis- oder Dämpfungsschleifen[1]) ersichtlich. Es handelt sich um zwei verschiedene Gummisorten und zwei verschiedene Vorspannungen. Die strichpunktierten Linien sind die zugehörigen zügigen, d. h. mit langsamer Belastungssteigerung aufgenommenen Druck - Belastungskurven. Setzt man auf der Ordinate des Schaubildes an Stelle der Druckspannung die Druckkraft, so erhält man die dynamische Einheitskraft aus dem Verhältnis der beiden Dreieckseiten. Es ist deutlich zu erkennen, daß die dynamischen Einheitskräfte größer sind als die statischen. Das ebenfalls bestimmbare Verhältnis $E_{\mathrm{dyn}}/E_{\mathrm{stat}}$ liegt zwischen 1,2 und 3,9.

Abb. 63 zeigt eine mit dieser Apparatur aufgenommene Wöhlerkurve zur Bestimmung der Wechselfestigkeit einer Gummifeder. Dabei ist zu beachten, daß mit gleichbleibender Last gefahren wurde, woraus sich der anfänglich starke Abfall der Kurve erklärt. Die Bean-

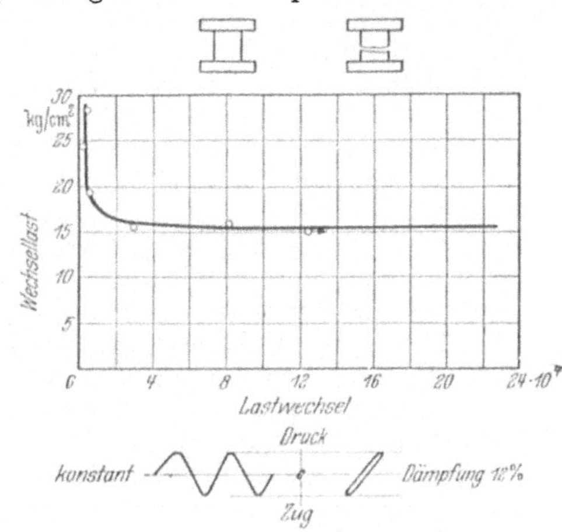

Abb. 63. Wöhlerkurve einer wechselnd auf Zug und Druck beanspruchten Gummifeder bei gleichbleibender Last (nach ROELIG) (42).

Abb. 64. Einrichtung zur Dauerprüfung von Gummifedern.

a = Antriebsmotor, b = Fliehkrafterreger (Unwucht), c = Schwingbalken, d = Prüfkörper, e = Spannfeder für zügige Vorspannkraft in Schwingungsrichtung, f = Spannschloß und Dynamometer für zügige Vorspannkraft senkrecht zur Schwingungsrichtung, g = Kontaktgeber für Ausschlagsregelgerät, h = Thermoelement, i = Thermomeßgerät, k = Lastwechselzähler.

---

[1] Die in Abb. 62 genannte absolute Dämpfung entspricht dem Inhalt der Hysteresischleife in cmkg. Die prozentuale Dämpfung ist das Verhältnis von Schleifenfläche zur darunterliegenden Dreiecksfläche. Multipliziert man die prozentuale Dämpfung mit 4/100, so erhält man die in Abschnitt 4.3 beschriebene verhältnismäßige Dämpfung ψ.

spruchung mit gleichbleibender Last kommt praktisch am häufigsten vor. Bei Federanordnungen mit Anschlagsbegrenzung ist es jedoch wichtiger die Dauerhaltbarkeit bei konstantem Schwingungsausschlag zu kennen, die mit einer Einrichtung nach Abb. 64 ermittelt werden kann.

Von einem feinstufig regelbaren Antriebsmotor a wird über eine elastische Welle der auf dem Schwingbalken c befestigte Fliehkrafterreger b, eine sog. Unwucht, angetrieben. Ihre Fliehkräfte erregen den Balken c zu Schwingungen, die über eine senkrechte Stange auf den Prüfkörper d (in vorliegender Abbildung eine im Stahlgehäuse sitzende Hülsenfeder) übertragen werden. Mit den Vorspannfedern e kann eine zügige Vorspannkraft in Schwingungsrichtung aufgebracht werden; Spannschloß und Dynamometer f gestatten es, eine zügige Vorspannkraft senkrecht dazu zu erzeugen und abzulesen. Schwingbalken c, Vorspannfedern e und der Gummi des Prüfkörpers d bilden zusammen die Federung des schwingenden Systems, das in Resonanz bzw. auf dem aufsteigenden Ast seiner Resonanzkurve arbeitet. Zur Konstanthaltung der in diesem Gebiet leicht veränderlichén Amplitude dient ein Regelgerät in der bekannten Art von SLATTENSCHEK-KEHSE, von dem in Abb. 64 der Kontaktgeber g zu sehen ist und das die Drehzahl des Antriebsmotors in genügend genauen Grenzen hält. Als wirkende Kraft wird die dem Ausschlag entsprechende Kraft der zügig aufgenommenen Federkennlinie entnommen. Der Ausschlag selbst wird während des Schwingungsvorgangs an der Feder gemessen.

Zur Messung der Temperatur im Innern des schwingenden Gummis wird ein Thermoelement h benutzt. Es sitzt in einer feinen Bohrung, die durch selbstvulkanisierenden Gummi verschlossen werden muß, damit durch das Thermoelement und den Einsatzkanal keine besonderen Störungen im Aufbau des Prüfkörpers entstehen. Die beiden Elementdrähte Kupfer-Konstantan führen zu einem Millivoltmeter i, auf dem die Temperatur abzulesen ist. Das Ablesen der Lastwechselzahl geschieht auf dem Zähler k, der dem Motor angeschlosen ist. Mit Hilfe dieses Drehzählers und einer Stoppuhr läßt sich auch die minutliche Schwingzahl ermitteln.

Die Bestimmung der Dauerhaltbarkeit von Gummifedern auf diesem Wege zeigt, daß der Bruchvorgang im Gummi von besonderer Art ist. Bei der Dauerprüfung von metallischen Werkstoffen ist in fast allen Fällen das Eintreten des beabsichtigten Bruches deutlich erkennbar. Der Restbruch tritt plötzlich auf, so daß als Folge davon die der Prüfmaschine beigegebene Abschaltvorrichtung in Tätigkeit treten kann. Die auf dem Lastwechselzähler abgelesene Zahl ist daher die beim Bruch vorhandene, auch wenn evtl. die Ablesung erst viel später erfolgt. Bei Gummifedern ist der Bruchvorgang anders. Der Gummi reißt nach einer bestimmten Zeit an irgendeiner Stelle ein oder Stellen örtlicher Überhitzung werden klebrig und bröckeln ab und von diesen Stellen aus schreitet der Dauerbruch stetig weiter fort, ohne daß ein schroffer endgültiger Restbruch erfolgt. Es erhebt sich deshalb die Frage nach einem Kriterium, wann eine Gummifeder bei Dauerbeanspruchung mit gleichbleibender Amplitude als zerstört anzusehen ist.

Man könnte die Feder beobachten und die Lastwechselzahl beim Auftreten der ersten Risse bestimmen. Das setzt einmal eine dauernde Beobachtung voraus und zum andern ist eine Feder ihrer Federung und Haltbarkeit nach häufig noch gar nicht praktisch unbrauchbar, wenn die ersten äußerlich sichtbaren Anrisse auftreten. An einer großen Zahl von untersuchten Probekörpern wurden Zerstörungserscheinungen in Form von Rissen oder abgebröckelten Gummiteilchen beobachtet, ohne daß die Federwerte um mehr als um einige Prozent abgesunken waren. Dasselbe Verhalten zeigten im Flugzeug eingebaute Federn, die nach einer bestimmten Anzahl von Flugstunden ausgebaut und untersucht wurden. Bei ihnen waren außerdem noch Aufquellungen infolge von Benzinspritzern vorhanden. Trotzdem lagen die Federwerte noch innerhalb der zugelassenen Abfallgrenze von 10% und sie konnten daher weiter verwendet werden. Bei anderen Federn ergab sich andererseits ein starkes Absinken der Federwerte ohne erkennbare äußere Anzeichen. Daraus ist zu ersehen, daß ein exaktes Verfahren angewendet werden muß, wenn man von Zufallserscheinungen frei werden will und daß es nicht genügt, der Dauerhaltbarkeit solcher Federn diejenige Lastwechselzahl zugrunde zu legen, nach der rein äußerlich die ersten Anrisse beobachtet werden.

Da im praktischen Betrieb die Veränderung der Federeigenschaften maßgebend ist (wegen der Veränderung der Eigenschwingungszahl), wird eine Dauerprüfung in erster Linie aufzeigen müssen, wann sich diese unter den entsprechenden Bedingungen ändern. Man stützt sich deshalb auf die Tatsache, daß die zügig aufgenommene Federkennlinie sich infolge der wechselnden Dauerbeanspruchung verändert[1]. Diese Kennlinie wird vor Beginn des Dauerversuchs zügig bestimmt und dann in bestimmten Zeitabständen

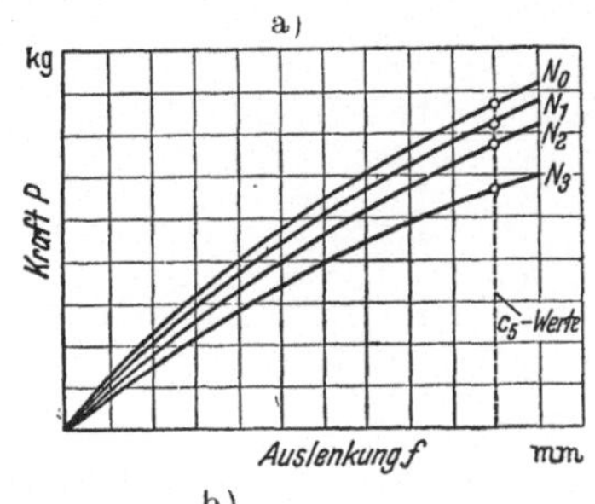

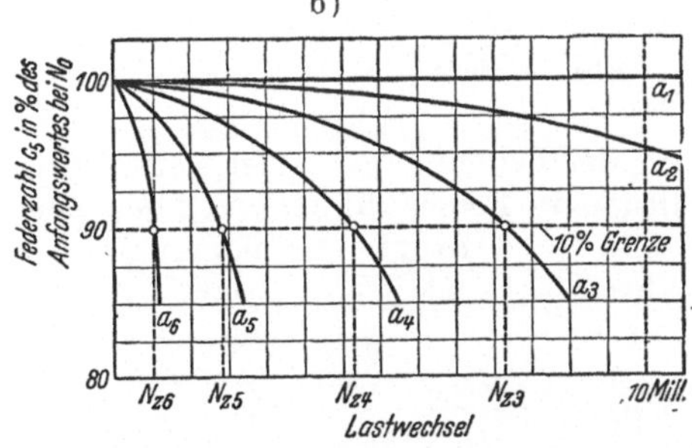

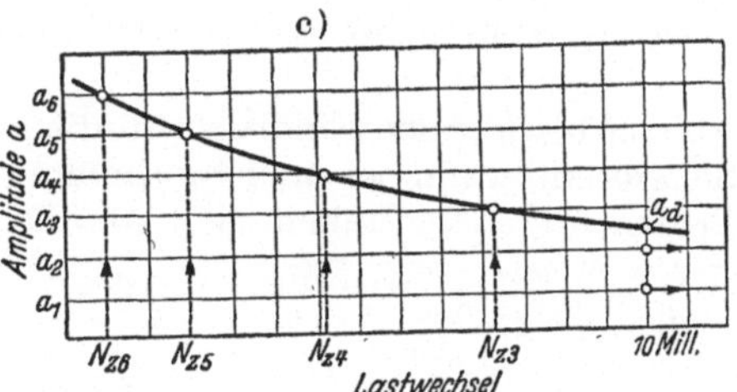

Abb. 65. Verfahren zur Ermittlung der Dauerhaltbarkeit von Gummifedern (schematisch).

a) Änderung der zügig aufgenommenen Federkennlinie infolge wechselnder Dauerbeanspruchung.
  N_0 bis N_3 = zunehmende Lastwechselzahlen. N_0 = Lastwechselzahl Null. Gehört zur Federkennlinie, die vor Beginn der Dauerprüfung aufgenommen wurde. c_5 = Federzahl = diejenige Kraft P die zur Auslenkung von f = 5 mm nötig ist. Schaubild gilt für eine gleichbleibende Amplitude an einer Feder.

b) Änderung der Federzahl infolge wechselnder Beanspruchung.
  Jede dieser Kurven entsteht aus den c_5-Werten und zugehörigen Lastwechselzahlen N_0 bis N_3 in Abb. 65a. N_z = Lastwechselzahl, bei der die Federzahl um 10% gesunken ist. a_1 bis a_6 = größer werdende Amplituden. Zu jeder Kurve ist eine Feder nötig.

c) Wöhlerkurve einer Gummifeder.
  a_d = Dauerhaltbarkeitsamplitude. Bei jeder Amplitude unterhalb a_d wird die Feder bis 10 Mill. Lastwechsel nicht zerstört.

○→ bedeutet: Feder ist bis 10 Mill. Lastwechsel durchgelaufen, ohne daß die Federzahl um 10% abgesunken ist. Die Kurve entsteht aus den N_z-Werten und zugehörigen Amplituden in Abb. 65 b.

wieder, indem der Dauerversuch kurz unterbrochen wird. Man erhält dadurch eine Schar von Kennlinien für verschiedene Lastwechselzahlen, deren oberste die Anfangskurve bei der Lastwechselzahl $N_0 = 0$ ist. Abb. 65a zeigt, daß sich z. B. bei Hülsenfedern mit zunehmender Lastwechselzahl ein immer flacherer Verlauf der Kurven einstellt. Die Gründe dazu sind Risse im Gummi oder Lösen der Bindung als Folge der durch Reibungsarbeit auftretenden Temperaturerhöhung in Verbindung mit der mechanischen Reibung (Radieren).

---

[1] An Stelle der hier als Beispiel gebrachten Veränderung der zügigen Federwerte, kann auch die Veränderung der dynamischen Federwerte beobachtet werden, da es sich in beiden Fällen nur um Änderungen handelt.

Nimmt man aus den in Abb. 65a dargestellten Kennlinien die Federwerte c_5 in % des Anfangswertes und trägt diese in Abhängigkeit von den zugehörigen Lastwechselzahlen für die verschiedenen Amplituden auf, so ergeben sich Kurven nach

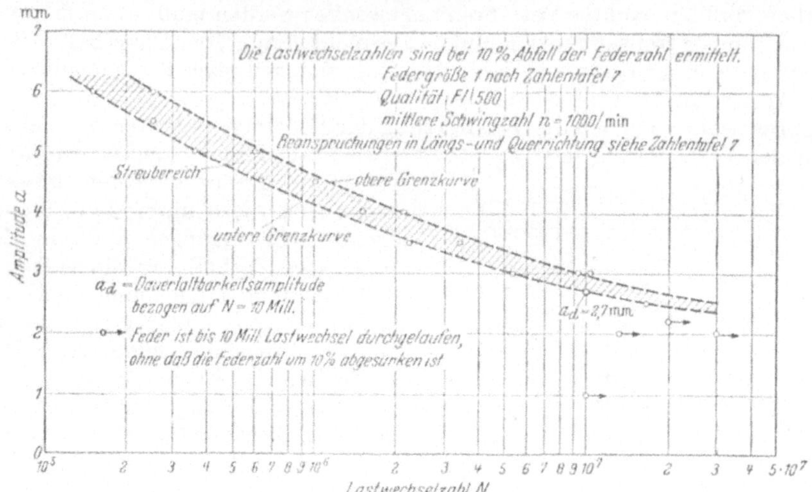

Abb. 66. Ermittlung der Dauerhaltbarkeit einer Hülsenfeder bei gleichbleibendem Schwingungsausschlag (Wöhlerkurve).

Abb. 65b, die einen Eindruck für die Änderung der Federeigenschaften vermitteln. Sie gibt an, wann bei einer bestimmten Amplitude die Federzahl um einen gewissen Prozentsatz abgesunken ist. Als Beispiel sind 10% Abfall angenommen. Die

Zahlentafel 7. Dauerhaltbarkeit von Aufhangefedern.

Be-zeich-nung	Federform und Beanspruchungs-richtungen	Feder	Vo-lumen r cm³	Qualitäts-bezeich-nung	DVM-Weich-heits-zahl	Feder-zahl c_5 kg	Dauer-haltbar-keits-Aus-schlag a_d mm	Bindung
Hül-sen-feder	Schwingrichtung P_r = 300 kg	1	59	FI 500	62	172	±2,70	Gummi auf Stahl
		2	59	Fox 18	52	240	±2,45	Buna auf Stahl
	Schwingrichtung P_r = 150 kg	3	24	FI 507	40	86	±1,80	Gummi auf Stahl
Schei-ben-feder	Schwingrichtung P_5 = 150 kg	4	65	FI 500	62	110	±1,65	Gummi auf Stahl
		5	108	FI 491	76	110	±2,35	Gummi auf Leichtmetall
		6	108	FI 491	76	110	±2,05	Gummi auf Stahl

Bezogen auf 10 Mill. Lastwechsel, Schwingzahl n = 1000 min⁻¹. A Temperaturmeßstelle (Thermoelement) P_r, P_s Vorspannkräfte.

Schnittpunkte der Federzahlkurven mit der 10%-Grenze kennzeichnen die Bruchlastwechselzahlen N_z. Sie sind angenommene Bruchlastwechselzahlen. Die Lage der Federungsabfallgrenze hat sich selbstverständlich nach den praktischen Bedürfnissen zu richten, insbesondere danach, wie weit die damit verbundene Änderung der Eigenschwingungszahl zugelassen werden kann. In der Luftfahrtindustrie soll der Abfall höchstens 10% betragen.

Zur Bestimmung der Dauerhaltbarkeit werden dann die Amplituden und die für sie ermittelten Bruchlastwechselzahlen N_z in einem weiteren Schaubild aufgetragen (Abb. 65c). Dadurch ergibt sich eine Kurve in Art der bekannten Wöhlerkurve, aus der sich die zu jeder Lastwechselzahl gehörenden Dauerhaltbarkeitsamplitude a_d ablesen läßt.

Wie Abb. 66 zeigt, ergibt sich bei der praktischen Durchführung des beschriebenen Verfahrens ein Streubereich. Als eigentliche Wöhlerkurve ist die untere Grenzkurve dieses Bereichs anzusehen. Weiter ist ersichtlich, daß sich eine Grenzlastwechselzahl, wie sie bei Stahl mit 10 Millionen festgelegt werden konnte, nicht angeben läßt. Sie liegt weit über 30 Millionen, woraus zu erkennen ist, daß das Gebiet der Zeitfestigkeit bei solchen Gummibauteilen außerordentlich groß ist. Es ist daher in diesem Fall nötig, bei Angabe des Dauerhaltbarkeitsausschlags a_d die zugehörige Lastwechselzahl hinzuzufügen.

Ergebnisse von Vergleichsdauerversuchen an Hülsen- und Scheibenfedern, an denen gleichzeitig bestimmte zügige Vorspannkräfte P_r und P_s wirken, enthält Zahlentafel 7.

In bezug auf synthetischen Gummi läßt sich sagen, daß bei gleicher Federgröße und Federzahl die Dauerhaltbarkeit von Naturgummi und Perbunangummi etwa gleich groß ist.

4.3. Dämpfung.

Die Dämpfung von Gummifedern kann nicht auf Grund gegebener Abmessungen und Sorte berechnet werden. Festzustellen, ob sie mit den übrigen Eigenschaften in Beziehung steht und ob sich daraus Gesetzmäßigkeiten ableiten lassen, muß der weiteren Forschung überlassen bleiben. Vorläufig ist die Ermittlung der Gummifederdämpfung nur auf dem Wege des Versuchs möglich.

Für den Konstrukteur ist die Kenntnis des genauen Wertes der Dämpfung einer Gummifederung aus zwei Gründen von Interesse: einmal will er wissen, wie groß die Schwingungsausschläge werden und zwar besonders in der Resonanz und zum andern, ob und wieweit sich die Resonanzfrequenz unter dem Einfluß der Dämpfung ändert. Dieser genaue Wert muß in jedem einzelnen Fall versuchsmäßig bestimmt werden. Es gibt dazu verschiedene Methoden, die jedoch hier nicht besprochen werden sollen. Dagegen ist es wichtig, auf einige für Gummifedern gebräuchliche Dämpfungsformeln einzugehen und ihre Beziehungen zueinander klarzustellen. Denn die Definition der Dämpfung ist nicht einheitlich und man kann nicht ohne weiteres die Lehrsche Dämpfung D, die verhältnismäßige Dämpfung ψ oder den mechanischen Verlustwinkel δ in die Schwingungsgleichung einsetzen, sondern man muß auf den Dämpfungsbeiwert ϱ umrechnen.

Der Dämpfungsbeiwert ϱ ist der Widerstand pro Geschwindigkeitseinheit in kgs/cm. Er wird als konstant und proportional der Geschwindigkeit angenommen, so daß sich die Schwingungsgleichung z. B. für eine fliehkrafterregte gedämpfte Schwingung schreibt.

$$(82) \qquad m \frac{d^2 x}{d t^2} + \varrho \frac{d x}{d t} + c x = m_0 r_0 \omega^2 \sin(\omega t).$$

Zu den in der Literatur als Gummidämpfung angeführten Werten steht der Dämpfungsbeiwert ϱ in folgender Beziehung:

1. Dämpfung D nach LEHR (43):

$$(83) \qquad D = \frac{\varrho}{2\,m\omega_0}$$

2. Mechanischer Verlustwinkel:

$$(84) \qquad \operatorname{tg} \delta = 2\,D\,\frac{\omega}{\omega^0} = \varrho\,\omega$$

3. Verhältnismäßige Dämpfung:

$$(85) \qquad \psi = 2\,\pi\,2\,D\,\frac{\omega}{\omega_0} = 2\,\pi\,\operatorname{tg}\delta = 2\,\pi\,\frac{\varrho\,\omega}{c}.$$

Darin bedeuten m die schwingende Masse in kgscm^{-1}, ω die Erregerkreisfrequenz in s^{-1}, ω_0 die Eigenkreisfrequenz des Schwingungssystems und c die Einheitskraft.

Als Werkstoffdämpfung für Gummi wird am häufigsten die verhältnismäßige Dämpfung ψ benutzt. ZELLER (44) gibt nach Untersuchungen von FÖPPL an, daß für verschiedene Gummisorten ψ die Werte zwischen 0,3 und 0,8 annehmen kann. Rechnet man, unter Zugrundelegen eines Schwingungssystems mit der Eigenkreisfrequenz $\omega_0 = \sqrt{\dfrac{c}{m}} = 1$. diese Werte um, so sind die entsprechenden Werte für $D = 0,0243$ bis $0,0636$, für $\delta = 2°\,50'$ bis $7°\,20'$ und für $\varrho = 0,0486$ bis $0,1272$. Das sind sehr kleine Dämpfungswerte und selbst bei den am stärksten dämpfenden Gummisorten ($\psi = 0,8$) muß noch mit einer 8fachen Ausschlagserhöhung in der Resonanz gerechnet werden (vgl. auch Abb. 2).

Nach bisherigen Untersuchungen nimmt die Dämpfung mit steigender Temperatur etwas ab. Sie scheint aber ziemlich unabhängig von der Größe der Verformung und von der Frequenz (oberhalb 1 Hz) zu sein. Von Interesse sind nur die Dämpfungswerte beim Größtausschlag, auf den sich die angegebenen Zahlen auch beziehen. Auch eine Verlagerung der Eigenfrequenz infolge der Gummidämpfung kann nicht eintreten, da dies erst bei Dämpfungen $D > 0,2$ der Fall ist. Bei Bestimmung der sog. Kritischen kann man also so rechnen, als ob keine Dämpfung vorhanden wäre.

Die Dämpfung von synthetischem Gummi ist größer als die von Naturgummi der gleichen Weichheit (35). Das Verhältnis liegt in der Größenordnung von 1,5.

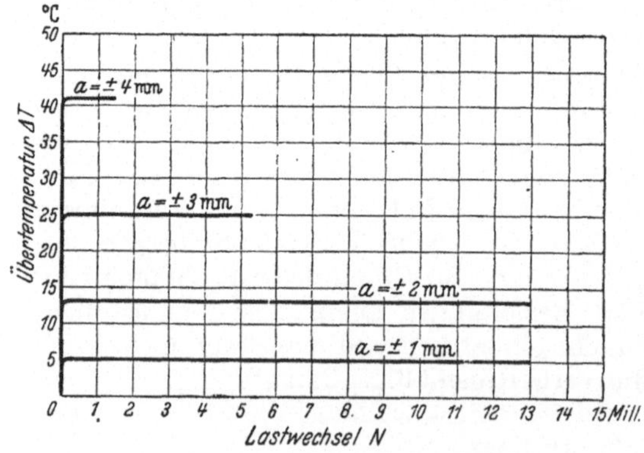

Abb. 67. Abhängigkeit der inneren Gummitemperatur von der Lastwechselzahl.

Raumtemp. $T_R = 20°$ C. Mittlere Schwingzahl $n = 1000$/min. Hülsenfeder Nr. 1 nach Zahlentafel 7.

4.4. Temperatureinflüsse und Dauerbruch.

Im schwingungsbeanspruchten Gummi entsteht als Folge der von ihm geleisteten Dämpfungsarbeit Wärme. In allen Fällen zeigt sich zu Beginn der Schwingungsbeanspruchung ein rasches Ansteigen der Temperatur mit nachfolgendem allmählichem Übergang zu einem gleichbleibenden Wert (Abb. 67). Dieser ist nach einer halben bis zwei Stunden, je nach Federart, Qualität und Ausschlag, erreicht, auch wenn bereits Dauerbruchanrisse aufgetreten sind. Er ändert sich erst, wenn der Dauerbruch soweit fortgeschritten ist, daß Außenluft an die Meßstelle A, Zahlentafel 7, dringt. Danach ist die Temperatur von der Lastwechselzahl unabhängig. Sie hängt jedoch stark vom Schwingungsausschlag ab, wie aus Abb. 68 hervorgeht.

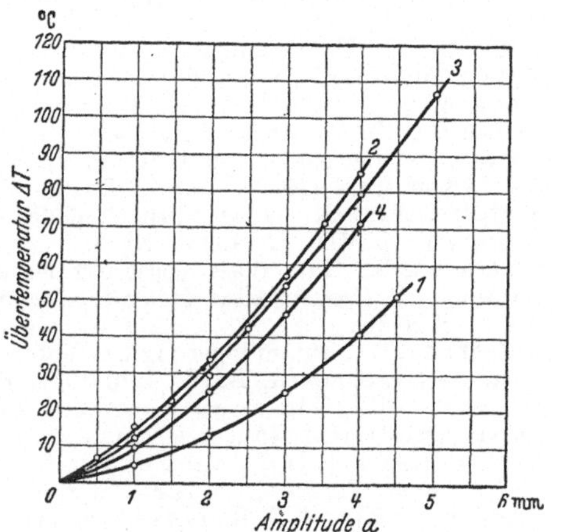

Abb. 68. Abhängigkeit der Temperatur im Gummiinnern von der Amplitude.
Raumtemp. $T_R = 20°$ C. Schwingzahl im Mittel $n = 1000/\text{min}$. Die Zahlen 1, 2, 3 u. 4 beziehen sich auf die Federn in Zahlentafel 7.

Der Beginn des Dauerbruchs wird nicht in erster Linie durch die mechanische Beanspruchung, sondern durch Wärmebeanspruchungen ausgelöst. Durch die Reibungsvorgänge im Gummi entsteht an den Spannungsgrößtwertstellen eine örtliche Temperaturerhöhung und als Folge davon eine Abnahme des Zusammenhangs der Atome. Einen Beweis dafür bietet das Klebrigwerden einzelner Gummiteilchen bereits bei Ausschlägen, die, in der Feder als Ganzes gesehen, noch ganz unschädliche Temperaturen hervorrufen. Durch dynamische Dauerbeanspruchung klebrig gewordene Gummiteile behalten diese Klebrigkeit. Bei Bruchbeurteilungen sind klebrige Stellen oder klebrige Flächen mit ein Zeichen dafür, daß es sich um einen Dauerbruch handelt.

5. Schrifttum.

1. BRAUDORN, K. H. Gummi als Werkstoff im Maschinenbau. Masch.-Bau/Der Betrieb, Bd. 20, Februar 1941, Heft 2, S. 77—80.
2. REISSINGER, S.: Kautschuk und Gummi. Arch. techn. Messen, Mai 1941, V 8276—1.
3. VDI-Richtlinien. Gestaltung und Anwendung von Gummiteilen. VDI-Verlag, Ausg Mai 1941.
4. KREMER, PH. und G. REUTLINGER: Gummi in Rädern für Schienenfahrzeuge. Z. VDI 77 (1933) S. 955—58.
5. HAUSHALTER, F. L.: Gummi und seine mechanischen Eigenschaften. Trans. A. S. M. E. mech. Engr., Februar 1939, S. 149—58.
6. WITTSTADT, W.: Äußerer Einfluß und innerer Zustand beim Kautschuk. Kautschuk, Bd. 15, Januar 1939, Heft 1, S. 11.
7. SHEPPARD, J. R. und W. J. CLAPSON: Verformung von Gummi unter Druckbeanspruchung Ind. Engng. Chem., Bd. 24, Juli 1932, S. 782.
8. STEINBORN, B.: Flugmotorenlagerung unter Berücksichtigung der Werkstoffe Gummi und Buna. Jb. dtsch. Versuchsanst. Luftf. 1938, S. II 99.
9. GÖBEL, F.: Das Verhalten von Gummifedern bei zügiger und wechselnder Beanspruchung, insbesondere unter Berücksichtigung der Verhältnisse bei der federnden Flugmotorenlagerung. Diss. Techn. Hochschule Berlin, 1940.
10. STEINBORN, B.: Werkstoff Gummi. Automobiltechn. Zeitschrift (AZT), 12. Heft, Juni 1939, S. 323—29.
11. KOSTEN, C. W.: Das Verhalten von Gummi bei statischer und dynamischer Druckbeanspruchung. Kautschuk, Jahrg. 15 (1939), Nr. 3, S. 48—54.
12. ROELIG, H.: Der synthetische Kautschuk Buna im Automobilbau. Automobiltechn. Zeitschrift (ATZ), 12. Heft, Juni 1939, S. 330/31.
13. — Getefo bekämpft Schwingungen. Druckschrift d. Gesellsch. f. techn. Fortschritt, Berlin.
14. BAUMGART, G.: Erschütterungen werden vernichtet. Motor-Schau, Mai 1939, Nr. 5, S. 380 bis 385.

15. OESER, K.: Schwingungen am Kraftfahrzeug und deren Isolierung gegen die Umgebung. Automobiltechn. Zeitschrift (ATZ), 37. Heft (1934), S. 277.
16. KERN, D. V.: Allradgefedertes Kleinkraftrad. Dtsch. Mot.-Z., Heft 8 (1941), S. 330—32.
17. ROELIG, H.: Prüfung und Bewertung von synthetischem Gummi. Kunststoffe 30 (1940), Heft 6, S. 164—69.
18. KÜCHLER, E.: Untersuchung an scheibenförmigen Resonanz-Drehschwingungsdämpfern. Mitt. Wöhler-Inst., Nr. 23, Braunschweig 1934.
19. THUM, A. und OESER K.: Gummifederungen für ortsfeste Maschinen. Mitt. dtsch. Mat.-Prüf.-Anst., Techn. Hochschule Darmstadt, Heft 6. Berlin: VDI-Verlag 1935.
20. GÖBEL, F.: Neuerungen im Bau von Freischwinger-Siebmaschinen. Mitt. Forsch.-Anst., GHH.-Konzern 6 (1938), Heft 7, S. 180—94.
21. SCHIEFERSTEIN, H.: Wirtschaftlichkeit der in Resonanz betriebenen Kraft- und Arbeitsmaschinen. Z. VDI 77 (1933), Nr. 3.
22. STEINBORN, B.: Gummi als Konstruktionselement. Kautschuk 15 (1939), S. 146.
23. WIESSNER, P.: Neuere Anwendungsgebiete für Gummi im Maschinenbau. Glasers Ann. 121 (1937), S. 88/89.
24. KLÜSSENER, O.: Gummilagerung des Motorrahmens in einem Triebwagen. Mitt. Forsch.-Anst., GHH.-Konzern, Bd. 6, Juni 1938, Heft 5.
25. STEINBORN, B.: Gummi als Konstruktionsstoff. Vorträge aus dem Haus der Technik Essen. Selbstverlag Haus d. Technik, Essen.
26. ROELIG, H.: Buna als Werkstoff im Maschinenbau. Chem. Fabrik 14 (1941), Nr. 5, S. 91/94.
27. — Gummi am Flugzeug. Konstr Unterlagen d Continental Gummiwerke A.-G., Hannover.
28. LÜRENBAUM, K. und W. BEHRMANN: Schwingungstechnische Gesichtspunkte der federnden Aufhängung von Flugmotoren. Jb. dtsch. Versuchsanst. Luftf. 1937, S. II 107.
29. RIEDIGER, B.: Federnde Lagerung des Antriebsmotors in Kraftwagen und Flugzeugen. Z. VDI 81 (1937), Heft 25, S. 713—20.
30. WAAS, H.: Federnde Lagerung von Kolbenmaschinen. Z. VDI 81 (1937), Heft 26, S. 763—69.
31. FÖPPL, O.: Aufhängung einer Verbrennungskraftmaschine in Gummi zum Zweck der Verminderung der freien Massenkräfte. Mitt. Wöhler-Inst., Heft 37, Braunschweig 1940.
32. HARTZ, H.: Schwingungstechnische Gestaltung von Maschinengründungen. Fachwissenschaftl. Abhandlungen über schwingungstechn. Fragen, Heft 1, August 1937. Hausberichte der Werner Genest GmbH. Berlin.
33. ROELIG, H.: Anwendung von Naturgummi und Bunagummi im Maschinenbau. Werkstatt u. Betrieb, Februar 1941, Werkst. Bl. 74.
34. GROSS, S. und E. LEHR: Die Federn. Ihre Gestaltung und Berechnung. Berlin: VDI-Verlag 1938.
35. STEINBORN, B.: Die Dämpfung als Qualitätsmaß für Gummi. Mitt. Wöhler-Inst. Braunschweig, Heft 31 (1937).
36. SMITH, J. F. D.: Gummifedern unter Scherbelastung. J. appl. Mechan., Bd. 6, Dezember 1939, Nr. 4, S. 159—67.
37. HAUSHALTER, F. L.: Gummi als lasttragender Werkstoff. S.A.E.J., Januar 1939, S. 15—22.
38. BIRKITT, C. H. und T. J. DRAKELEY: Neuere Untersuchungsergebnisse an druckbelastetem Gummi. Trans., Inst. of the Rubber Ind., April 1928, S. 462—67.
39. MORRISON, L.: Die Dämpfung von Stößen und Schwingungen durch Gummi. Trans., Inst. of the Rubber Ind., August 1931, S. 112—28.
40. HIRSCHFELD, C. F.: Gummiabfederungs-Vorrichtung. Trans., A.S.M.E., August 1937, S. 471—91.
41. GÖBEL, F.: Verhalten von Hülsengummifedern bei zügiger und wechselnder Beanspruchung. Z. VDI 29 (1941) S. 631—35.
42. ROELIG, H.: Dynamische Bewertung der Dämpfung und Dauerfestigkeit von Vulkanisaten. Kautschuk 15 (1939), Nr. 1, S. 7—10, Nr. 2, S. 32—34.
43. LEHR, E.: Schwingungstechnik. Berlin: Springer 1930.
44. ZELLER, W.: Dämpfung bei Gummifedern. Z. VDI 85 (1941), Nr. 8.
45. WIEGAND, H. und F. GÖBEL: Temperatureinflüsse in schwingungsbeanspruchtem Gummi. Dtsch. Motor.-Z. 9 (1939), S. 278—82.
46. HAGEN, H.: Die deutschen Kunstkautschuke. Umschau 43 (1939), Nr. 21, S. 483—86.
47. ROELIG, H.: Technische Eigenschaften von synthetischem Gummi. Z. VDI, Bd. 82, Nr. 6, Februar 1938, S. 139—42.
48. STÖCKLIN, P.: Über hitzebeständige Bunamischungen. Kautschuk, 15. Jahrg., Nr. 1, Januar 1939.
49. FÖPPL, O.: Theoretische Betrachtungen über die elastischen Eigenschaften der Werkstoffe, insbesondere des Gummis. Mitt. Wöhler-Inst., Braunschweig, Heft 31 (1937).
50. BOSTRÖM, LANGE, SCHMIDT und STÖCKLIN: Kautschuk und verwandte Stoffe. Union Deutsche Verlagsgesellschaft, Berlin 1940.

Gedruckt in der Gallus Druckerei KG Berlin Charlottenburg Gutenbergstr. 3.